国家"十二五"高职高专计算机应用型规划教材

Photoshop CS5平面设计 基础与项目实训

文　东　杨清虎　王承利　主　编

任凤飞　陈　旭　副主编

科学出版社

内 容 简 介

　　本书是优秀教材的全新改版升级，在两年多的升级过程中，不断接受一线教师的课堂检验，并根据反馈进行改进，使其更贴近课堂、更符合初学者的需求。

　　全书共14章，分3个部分。基础理论与实训部分（第1～11章）主要包括Photoshop CS5应用入门基础、Photoshop CS5的基础操作、创建与编辑图像选区、图像修饰与绘画、完全揭秘图层的应用、深入探索通道与蒙版的应用、路径和形状的应用、创建与编辑文字、学习强大的滤镜功能、调整图像的色彩、图像的批处理与打印等内容；项目实训部分（第12～13章）通过大型项目展开实训，强化Photoshop特效制作和广告设计的应用技能，帮助学生将Photoshop知识融会贯通；课程设计部分（第14章）精选5个课程设计，进一步帮助读者提高平面设计与软件操作的综合能力，通过独立完成课程设计检验学习效果。

　　本书能帮助读者快速入门，强化Photoshop各种应用技能，并辅以足够的理论知识帮助读者稳健晋升到Photoshop中级水平。为方便教学，特为用书教师提供多媒体教学资源包：易教易学的电子课件、与书中内容同步的教学视频（共20节，长达140分钟）、Photoshop教学案例、超实用的设计资源和学习资料等。

　　本书语言通俗易懂，并配以大量的图示，特别适合作为各大职业教学院校Photoshop相关专业的教材，同时也非常适合Photoshop初学者和各类培训班的学员阅读、使用。

图书在版编目（CIP）数据

Photoshop CS5 平面设计基础与项目实训/文东，杨清虎，王承利主编. —北京：科学出版社，2011.11
　ISBN 978-7-03-032761-1

　Ⅰ. ①P… Ⅱ. ①文… ②杨… ③王… Ⅲ. ①平面设计—图像处理软件，Photoshop CS5 Ⅳ. ①TP391.41

中国版本图书馆 CIP 数据核字（2011）第 231803 号

责任编辑：桂君莉　吴俊华　/　责任校对：杨慧芳
责任印刷：新世纪书局　　　/　封面设计：周智博

科 学 出 版 社 出版

北京东黄城根北街 16 号
邮政编码：100717
http://www.sciencep.com

中国科学出版集团新世纪书局策划
北京市艺辉印刷有限公司印刷
中国科学出版集团新世纪书局发行　各地新华书店经销

*

2012 年 1 月 第 一 版　　　　开本：16 开
2012 年 1 月第一次印刷　　　　印张：17.5
字数：426 000

定价：29.80 元
（如有印装质量问题，我社负责调换）

丛 书 序

　　市场经济的发展要求高等职业院校能培养出优秀的技能型人才。所谓技能型人才，是指能将专业知识和相关岗位技能应用于所从事的专业和工作实践的专门人才。技能型人才培养应强调以岗位需求为目标，以专业知识为基础，以职业能力为重点，知识能力素质协调发展。在具体的培养目标上应强调学生综合素质和专业技能的培养，在专业方向、课程设置、教学内容、教学方法等方面都应以知识在实际岗位中的应用为重点。

　　为此，在教育部颁发的《国家中长期教育改革和发展规划纲要（2010—2020）》关于职业教育的相关文件和职业教育专家的指导下，以培养动手能力强、符合企业需求的熟练掌握操作技能的技能型人才为宗旨，我们组织职业教育专家、企业开发人员及骨干教师们根据企业的岗位需求优化课程和教学内容，编写了本套计算机操作技能与项目实训示范性教程——国家"十二五"高职高专计算机应用型规划教材。

　　为满足企业的岗位需求，本套丛书重点放在"基础与项目实训"上（基础指的是相应课程的基础知识和重点知识，以及在实际项目中会应用到的知识，基础为项目服务，项目是基础的综合应用），力争打造出一套满足现代高等职业教育技能型人才培养教学需求的精品教材。

丛书定位

　　本丛书面向高等职业院校、大中专院校、成人教育院校、计算机培训学校的学生，以及需要强化工作岗位技能的在职人员。

丛书特色

≫ 以项目开发为目标，提升岗位技能

　　本丛书中的各分册都是在一个或多个项目的实现过程中，融入相关知识点，以便学生快速将所学知识应用到工程项目实践中。这里的"项目"是指基于工作过程，从典型工作任务中提炼并分析得到，符合学生认知过程和学习领域要求，模拟任务且与实际工作岗位要求一致的项目。通过这些项目的实现，可让学生完整地掌握并应用相应课程的实用知识。

≫ 力求介绍最新的技术和方法

　　高职高专的计算机与信息技术专业的教学具有更新快、内容多的特点，本丛书在体例安排和实际讲述过程中都力求介绍最新的技术（或版本）和方法，强调教材的先进性和时代感，并注重拓宽学生的知识面，激发他们的学习热情和创新欲望。

≫ 实例丰富，紧贴行业应用

　　本丛书作者精心组织了与行业应用、岗位需求紧密结合的典型实例，且实例丰富，让教师在授课过程中有更多的演示环节，让学生在学习过程中有更多的动手实践机会，以巩固所学知识，迅速将所学内容应用到实际工作中。

>> **体例新颖，三位一体**

　　根据高职高专的教学特点安排知识体系，体例新颖，依托"基础+项目实践+课程设计"的三位一体教学模式组织内容。

❖　第 1 部分：够用的基础知识。在介绍基础知识部分时，列举了大量实例并安排有上机实训，这些实例主要是项目中的某个环节。

❖　第 2 部分：完整的综合项目实训。这些项目是从典型工作任务中提炼、分析得到的，符合学生的认知过程和学习领域要求。项目中的大部分实现环节是前面章节已经介绍过的，通过实现这些项目，学生可以完整地应用、掌握这门课的实用知识。

❖　第 3 部分：典型的课程设计（最后一章）。通常是大的商业综合项目案例，不介绍具体的操作步骤，只给出一些提示，以方便教师布置课程设计。具体操作的视频演示文件在多媒体教学资源包中提供，方便教学。

　　此外，本丛书还根据高职高专学生的认知特点安排了"提示"和"技巧"等小项目，打造了一种全新且轻松的学习环境，让学生在专家提醒中技高一筹，在知识链接中理解更深、视野更广。

丛书组成

　　本丛书涵盖计算机基础、程序设计、数据库开发、网络技术、多媒体技术、计算机辅助设计及毕业设计和就业指导等诸多课程，具体包括：

- Dreamweaver CS5 网页设计基础与项目实训
- 3ds Max 2011 中文版基础与项目实训
- Photoshop CS5 平面设计基础与项目实训
- Flash CS5 动画设计基础与项目实训
- After Effects CS5 中文版基础与项目实训
- ASP.NET 程序设计基础与项目实训
- AutoCAD 2009 中文版建筑设计基础与项目实训
- AutoCAD 2009 中文版机械设计基础与项目实训
- AutoCAD 2009 辅助设计基础与项目实训
- Access 2003 数据库应用基础与项目实训
- Visual Basic 程序设计基础与项目实训
- Visual FoxPro 程序设计基础与项目实训
- C 语言程序设计基础与项目实训
- Visual C++程序设计基础与项目实训
- Java 程序设计基础与项目实训
- 多媒体技术基础与项目实训 （Premiere Pro CS3）
- 数据库系统开发基础与项目实训——基于 SQL Server 2005
- 计算机专业毕业设计基础与项目实训
- 计算机组装与维护基础与项目实训
- 网页设计三合一基础与项目实训——Dreamweaver CS5、Flash CS5、Photoshop CS5

- Dreamweaver CS3 网页设计基础与项目实训
- 中文 3ds Max 9 动画制作基础与项目实训
- Photoshop CS3 平面设计基础与项目实训
- Flash CS3 动画设计基础与项目实训

▌丛书作者▌

本丛书的作者均系国内一线资深设计师或开发专家、双师技能型教师、国家级或省级精品课教师，有着多年的授课经验与项目开发经验。他们将经过反复研究和实践得出的经验有机地分解开来，并融入字里行间。丛书内容最终由企业专业技术人员和国内职业教育专家、学者进行审读，以保证内容符合企业对应用型人才培养的需求。

▌多媒体教学资源包▌

本丛书各个教材分册均为任课教师提供一套精心开发的多媒体教学资源包，根据具体课程的情况，可能包含以下几种资源。

（1）所有实例的素材文件、结果文件。

（2）电子课件和电子教案（必有）。

（3）赠送多个相关的大案例，供教师教学使用（必有）。

（4）本书实例的全程讲解的多媒体语音视频教学演示录像 。

（5）工程项目的语音视频技术教程。

（6）拓展文档、参考教学大纲、学时安排。

（7）习题库、习题库答案、试卷及答案。

用书教师请致电（010）64865699 转 8033 或发送 E-mail 至 bookservice@126.com 免费获取多媒体教学资源包。此外，我们还将在网站（http://www.ncpress.com.cn）上提供更多的服务，希望我们能成为学校倚重的教学伙伴、教师学习工作的亲密朋友。

▌编者寄语▌

希望经过我们的努力，能提供更好的教材服务，帮助高等职业院校培养出真正的、熟练掌握岗位技能的应用型人才，让学生在毕业后尽快具备实践于社会、奉献于社会的能力，为我国经济发展做出贡献。

在教材使用中，如有任何意见或建议，请直接与我们联系。

联 系 电 话：（010）64865699 转 8033
电子邮件地址：bookservice@126.com（索取教学资源包）
　　　　　　　l-v2008@163.com（内容讨论）

丛书编委会

2011 年 10 月

前　言

Adobe 公司推出的 Photoshop 图形图像处理软件是目前使用最广泛的平面设计软件之一。本书以企业人才需求为依据，系统并详细地介绍了 Photoshop CS5 图形图像处理软件的使用方法和操作技巧。本书经由一线教师为期两年的课题检验，充分考虑企业的岗位需求、相关职业资格考试与职业技能培训的实际需求，将知识讲解与实际操作紧密结合，着重培养读者的职业技能。

全书共 14 章，按照平面设计工作的实际需求组织内容，以基础知识"实用、够用"为原则，力求介绍最新的技术和方法，主要内容下。

- 基础理论与实训部分（第 1～11 章）主要包括 Photoshop CS5 应用入门基础、Photoshop CS5 的基础操作、创建与编辑图像选区、图像修饰与绘画、完全揭秘图层的应用、深入探索通道与蒙版的应用、路径和形状的应用、创建与编辑文字、学习强大的滤镜功能、调整图像的色彩、图像的批处理与打印等内容。
- 项目实训部分（第 12～13 章）通过大型项目展开实训介绍了 Photoshop 特效制作应用及广告设计应用，帮助学生将 Photoshop 知识融会贯通。
- 课程设计部分（第 14 章）精选 5 个课程设计：火焰字特效、绘制太极图、制作奥运彩旗、制作 POP 海报广告、制作伞式宣传广告，进一步帮助读者提高平面设计与软件操作的综合能力，通过独立完成课程设计检验学习效果。

本书能帮助读者快速入门，并着重实训、实战，缩短读者的学习摸索过程，帮助强化读者的 Photoshop 职业技能。同时，辅以足够的理论知识，帮助读者稳健晋升到 Photoshop 中级水平。

为方便教学，特为用书教师提供多媒体教学资源包：实例的素材和结果文件、与书中内容同步的教学视频（共 20 节，长达 140 分钟）、易教易学的电子课件、Photoshop 教学案例、超实用的设计资源和学习资料等。用书教师请发送 E-mail 至 bookservice@126.com 或致电 010-64865699 转 8082 索取。

由于编者水平有限，书中若有不当之处，敬请读者批评指正。

编　者
2011 年 10 月

目 录

Contents 目 录

第1章

Photoshop CS5 应用入门基础

本章主要讲述 Photoshop CS5 的入门基础知识，包括 Photoshop CS5 的概述、新增功能、基本操作等内容；重点讲述了 Photoshop CS5 图像处理的基础知识，包括图像分类、图像分辨率、图像文件格式及常见颜色模式等内容。

本章知识点

- ◎ 认识和了解 Photoshop CS5
- ◎ Photoshop CS5 的安装、启动与退出
- ◎ 图像处理基础知识

1.1 认识和了解 Photoshop CS5

Photoshop 是目前最流行的图形图像处理软件之一。经过近 20 多年的发展与完善，它已成为功能相当强大、应用极其广泛的应用软件，被誉为"神奇的魔术师"。

1.1.1 Photoshop CS5 的应用领域

Photoshop CS5 是一款强大的计算机图形图像处理软件，被广泛地应用于平面设计、网页制作、图像处理和多媒体开发等领域。Photoshop 以其强大的功能、易操作的工作环境，成为众多设计师、艺术家进行艺术创作的首选应用软件。

1. 平面广告设计应用

平面设计领域是 Photoshop 最基础的应用领域，包括 VI 系统、印制品、写真喷绘、户外广告（如招贴、海报、宣传单），以及阅读量非常广泛的图书或报刊，都可以使用 Photoshop 进行设计和制作。广告的构思与表现形式是密切相关的，有了好的构思，接下来则需要通过软件来完成它，而大多数的广告是通过图像合成与特效技术来完成的。通过这些技术手段可以更加准确地表达出广告的主题，如图 1-1 所示。

图 1-1　平面广告设计

2. 数码影楼应用

影楼在拍摄照片时不再采用传统的胶片相机，取而代之的是数码相机，因为数码相机拍摄的数码照片可以直接导入计算机中，利用图形图像软件可以进行全面的调整，如图 1-2 所示。当前数码相机已经普及到千家万户，Photoshop 软件已成为照片处理的首选软件。

图 1-2　数码照片处理设计

3．网页美工设计应用

互联网的广泛普及拓展了 Photoshop 的另一个重要领域——网站美工设计。Photoshop CS5 已经成为网站美工人员必须掌握的一款"利器"，其设计的网页能够完全兼容互联网工作环境的要求，如图 1-3 所示。

图 1-3　网页美工设计

4．界面设计应用

界面设计是使用独特的创意方法设计软件或者游戏的外观（见图 1-4），以达到吸引用户眼球的目的，其重要性已经被越来越多的企业及开发者所认同。而界面设计的主流软件仍然是 Photoshop 软件，目前还未出现用于制作界面设计的专业软件。

图 1-4　界面设计

5．在绘画与数码艺术中的应用

Photoshop CS5 中的绘画和调色功能非常丰富，卡通漫画制作者常常手绘线条稿，然后导入 Photoshop 中进行线条调整和填色，从而完成卡通和漫画的绘制。近些年来非常流行的像素画大部分也是制作者使用 Photoshop 创作的，如图 1-5 所示。

图 1-5　卡漫设计

6．在效果图后期制作中的应用

在三维软件中，如果能够制作出精良的模型，却无法为模型应用逼真的贴图，也无法得到较好的渲染效果。在制作材质时，除了依靠软件本身具有的材质功能外，利用 Photoshop 也可以制作出在三维软件中无法得到的合适材质。

在制作建筑效果图（包括许多三维场景）时，人物与配景及场景的颜色常常需要在 Photoshop 中增加并调整，如图 1-6 所示。

图 1-6　效果图后期处理

1.1.2　Photoshop CS5 的新增功能

在 Photoshop CS5 版本中，软件的界面与功能的结合更加趋于完美，各种命令与功能不仅得到了扩展，还最大限度地为操作提供了简捷、有效的途径。Photoshop CS5 又新增了许多智能化的功能，下面对其中常用的新功能进行介绍，在本书后面的章节中会实际运用到。

1．智能选区

该功能用于更快且更准确地从背景中抽出主体，从而创建逼真的复合图像。轻击鼠标，就可以选择一个图像中的特定区域，如轻松选择毛发等细微的图像元素；消除选区边缘周围的背景色；使用新的细化工具自动改变选区边缘并改进蒙版。

2．内容识别填充和修复

该功能用于删除图像元素并用其他内容替换，与其周边环境天衣无缝地融合在一起。这一突破性的技术与光照、色调及噪点相结合，删除内容后看上去似乎本来就不存在。然后用图案或图像内容填充选区，并使用污点修复画笔工具进行修饰。

3．HDR 成像

借助前所未有的速度、准确度创建写实的或超现实的 HDR 图像；借助自动消除叠影及对色调映射和调整更好的控制，您可以获得更好的效果，甚至可以令单次曝光的照片获得 HDR 的外观。

4．最新的原始图像处理

使用 Adobe Photoshop Camera RAW 6 增效工具无损消除图像噪点，同时保留颜色和细节；增加粒状，使数码照片看上去更自然；执行裁剪后暗角时控制度更高等。

5．非凡的绘图效果

借助混色器画笔（提供画布混色）和毛刷笔尖（创建逼真、带纹理的笔触），将照片轻松转换为绘图或创建独特的艺术效果。

6．操控变形

彻底变换特定的图像区域，同时固定其他图像区域，对任何图像元素进行精确的重新定位，创建出视觉上更具吸引力的照片。

7．自动镜头校正

使用已安装的常见镜头的配置文件，或自定其他型号的配置文件可以快速修复扭曲问题。针对镜头扭曲、色差和晕影，自动校正可以帮助节省时间。Photoshop CS5 使用图像文件的 EXIF 数据，根据您使用的相机和镜头类型做出精确调整。

8．高效的工作流程

Photoshop 用户请求的大量功能均已增强，可以提高工作效率和拓展创意性。自动伸直图像，从屏幕上的拾色器中拾取颜色，同时调节许多图层的不透明度等。

9．新增的 GPU 加速功能

充分利用增强的硬件处理能力，新增画笔预览、吸管工具的颜色取样器及裁剪工具的"三等分"网格等功能，对可视化、更出色的颜色，以及屏幕拾色器进行采样。

10．更简单的用户界面管理

使用可折叠的工作区切换器，可以在喜欢的用户界面配置之间实现快速导航和选择。实时工作区会自动记录用户界面更改，当您切换到其他程序再切换回来时，面板将保持在原位。

11．出众的黑白转换

尝试各种黑白外观；使用集成的 Lab B&W Action 交互转换彩色图像；更轻松、更快捷地创建绚丽的 HDR 黑白图像；尝试各种新预设。

12．RAW 处理的尖端技术

在保留颜色和细节的同时删除高 ISO 图像中的杂色。添加创意效果，如胶片颗粒和剪裁后晕影。

13．简化的创意审阅

CS Review 是一种可加速审阅流程的联机服务，通过它可以与同事进行协作，并快速获取用户反馈。

14．集成的介质管理

利用 Adobe Bridge CS5 中经过改进的水印、Web 画廊和批处理，或使用 Mini Bridge 面板直接在 Photoshop 中访问资源。

1.2 Photoshop CS5 的安装、启动与退出

前面介绍了 Photoshop CS5 的新功能，本节就介绍一下其硬件需求与安装方法。Photoshop CS5 的安装与其他软件的基本相同。

1.2.1 安装 Photoshop CS5 的硬件需求

为了保证能够顺利地安装和运行 Photoshop CS5 软件，一般对计算机的硬件配置有一定的要求，具体的硬件需求如表 1-1 所示。

表1-1 Windows操作系统的硬件需求

硬 件	需 求
操作系统	Microsoft Windows XP 系统或 Windows Vista Home Premium/Business/Ultimate 系统
CPU	Intel Pentium 4、Intel Centrino、Intel Xeon 或 Intel Core Duo 处理器
内存	1GB 内存、64MB 视频内存
硬盘	2GB 可用硬盘空间（安装过程中需要其他可用空间）
显示器	1024×768 分辨率的显示器（带有 16 位视频卡）

1.2.2 Photoshop CS5 的安装

Photoshop CS5 软件安装方便，如果电脑中已经有其他版本的 Photoshop 软件，可不必卸载其他版本的软件，但需要将运行的相关软件关闭。

Step 01 打开 Photoshop CS5 安装光盘，双击 Setup.exe 安装文件图标，就可进行安装，如图 1-7 所示。

Step 02 双击 Setup.exe 图标后，会弹出"Adobe 安装程序"对话框，对系统配置进行检查，如图 1-8 所示。

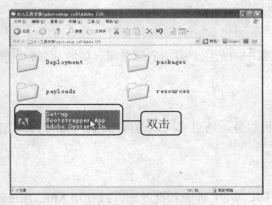

图 1-7　Photoshop CS5 安装包　　　　　　图 1-8　初始化安装程序

Step 03 检查完系统配置文件后，会自动弹出"Adobe 软件许可协议"窗口，请认真阅读。单击下方的"接受"按钮，即可进行下一步的安装。如果单击"退出"按钮，会退出安装程序，如图 1-9 所示。

Step 04 在弹出的"请输入序列号"窗口下方的文本框中输入正确的序列号后，右边会出现"选择语言"下拉列表框，在其中选择"简体中文"选项。如果想先试用，可以选择下方的"安装此产品的试用版"单选按钮，然后单击"下一步"按钮，如图 1-10 所示。

图 1-9　安装程序欢迎界面

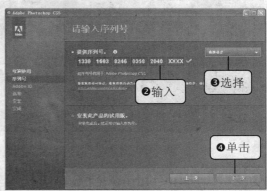

图 1-10　输入序列号

> **提示** 序列号就是软件开发商给软件的一个识别码，和人的身份证号码类似。其作用主要是为了防止自己的软件被用户盗用。

Step 05 弹出"输入 Adobe ID"窗口，可以单击"创建 Adobe ID"按钮创建一个账号，或者在文本框中输入已注册的 ID。建议单击左下角的"跳过此步骤"按钮或单击右下角的"下一步"按钮，如图 1-11 所示。

Step 06 在"安装选项"窗口中，单击"浏览到安装位置"按钮，可对安装位置进行更改；默认的安装位置为 C 盘，也可根据个人习惯选择安装位置。选择好安装位置后，单击右下角的"安装"按钮，如图 1-12 所示。

图 1-11　输入 ID

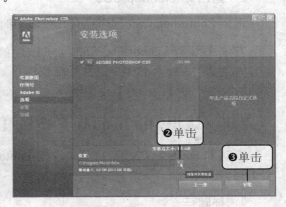

图 1-12　选择安装位置

Step 07 系统自行安装软件时，窗口中会显示安装进度。安装过程需要较多时间，在"目前正在安装"下方可以查看安装进度和剩余时间，如图 1-13 所示。

Step 08 当安装完成后，在弹出的窗口中会提示此次安装已完成。单击右下角的"完成"按钮即可关闭窗口，如图 1-14 所示。

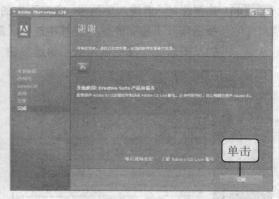

图 1-13　安装进度　　　　　　　　　　图 1-14　完成安装

1.2.3　Photoshop CS5 的启动与退出

安装好 Photoshop CS5 后，就可以启动并使用该程序了。

1. 启动 Photoshop CS5

下面介绍两种启动 Photoshop CS5 的常用方法。

方法 1：单击任务栏中的"开始"按钮，执行"所有程序→Adobe Photoshop CS5"命令。
方法 2：双击桌面上 Adobe Photoshop CS5 程序的快捷方式图标。

> **提示**　用户将图片素材文件直接拖动到 Photoshop 快捷方式图标上，然后释放鼠标，也可以启动 Photoshop CS5 程序。

2. 退出 Photoshop CS5

退出 Photoshop CS5 程序也有几种常用的操作方法，下面对这几种方法进行介绍。

方法 1：单击 Photoshop CS5 程序右上角的"关闭"按钮。
方法 2：执行"文件→退出"命令。
方法 3：按【Ctrl+Q】快捷键。

1.2.4　认识 Photoshop CS5 的工作界面

启动 Photoshop CS5 后，就进入了 Photoshop CS5 的工作界面。界面中各组成部分如图 1-15 所示。

1. 标题栏

标题栏位于 Photoshop CS5 工作界面的顶部，其左侧显示了 Photoshop CS5 的程序图标，中间的 7 个按钮分别为"启动 Bridge"按钮、"启动 Mini Bridge"按钮、"查看额外内容"按钮、"缩放级别"按钮 100% ▼、"排列文档"按钮 和"屏幕模式"按钮。单击标题栏右侧"基本功能"旁的下拉按钮，在弹出的下拉菜单中可以选择 Photoshop CS5 的界面布局方式。另外，还有用于控制 Photoshop CS5 窗口大小的按钮，从左至右依次为"最小化"按钮、"最大化/还原"按钮 和"关闭"按钮。

标题栏 ——  —— 菜单栏
选项栏

工具箱 —— 控制面板

图像窗口

状态栏

图 1-15　界面组成部分

2. 菜单栏

菜单栏主要用于完成图像处理中的各种操作和设置。其中各个菜单项的主要作用如下。

- 文件：用于对图像文件进行操作，包括文件的新建、保存和打开等。
- 编辑：用于对图像进行编辑操作，包括剪切、复制、粘贴和定义画笔等。
- 图像：用于调整图形图像的色彩模式、色调、色彩，以及图像和画布大小等。
- 图层：用于对图像中的图层进行编辑操作。
- 选择：用于创建图像选择区域及对选区进行编辑。
- 滤镜：用于对图像进行扭曲、模糊、渲染等特殊效果的制作和处理。
- 分析：显示当前使用工具的相关数据信息。
- 3D：处理和合并现有 3D 对象、创建新的 3D 对象、编辑和创建 3D 纹理、组合 3D 对象与 2D 图像。
- 视图：用于缩小或放大图像显示比例、显示或隐藏标尺和网格等。
- 窗口：对 Photoshop CS5 工作界面的各个面板进行显示或隐藏。
- 帮助：提供使用 Photoshop CS5 的帮助信息。

提示　如果命令为浅灰色，则表示该命令当前处于不能选择状态。如果菜单命令右侧由一个▶标记，表示该命令下还包含了 1 个子菜单；如果菜单命令后有 "…" 标记，则表示选择该命令可以打开对话框；如果菜单命令右侧有字母组合，则表示该命令对应的键盘快捷键。

3. 选项栏

工具选项栏位于菜单栏的下方，当在工具箱中选取了某个工具时，选项栏就会显示出

相应的属性和控制参数，并且外观上也会随着工具的改变而变化。如图 1-16 所示为选择"移动工具"后显示的选项栏。

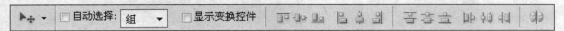

图 1-16 "移动工具"选项栏

4．工具箱

工具箱位于工作界面左侧，包括移动工具、绘图工具、钢笔/路径工具、视图控制工具和缩放工具等。为了便于初学者认识和掌握各个工具的名称及位置，如图 1-17 所示列出了工具箱中各工具及子工具的名称。

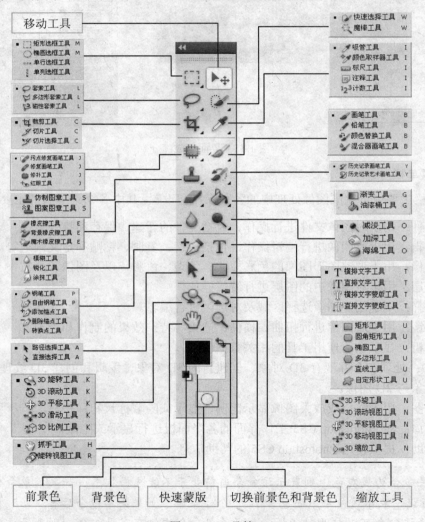

图 1-17 工具箱

另外，用鼠标单击并拖动工具箱的顶部，可以将工具箱移至界面中的其他位置。显示或隐藏工具箱可通过选择"窗口→工具"菜单命令来实现。

提示 一些工具按钮的右下角有一个小三角形符号□，表示这个工具按钮中有一个系列工具组，可单击该工具按钮，同时按住鼠标左键 1 秒钟不放，或者将光标放在该按钮上，单击鼠标右键，这时就会显示出该工具按钮中的系列工具组。

提示 单击工具箱顶部的双向小箭头▶▶按钮，工具箱就会由默认状态下的单栏显示模式变为双栏显示模式，再次单击该箭头，又会恢复为单栏显示模式。

5．控制面板

利用 Photoshop CS5 中的面板，可以进行图层调整及动作、通道、路径创建等操作。可见，面板是 Photoshop 非常重要的组成部分。

除了工具箱外，面板也可以进行伸缩。对于最右侧已展开的一栏面板，单击其顶部的伸缩栏，可以将其收缩为图标状态，如图 1-18 所示；反之，如果单击未展开的伸缩栏，则可以将该栏中的全部面板都展开，如图 1-19 所示。

图 1-18　收缩所有面板时的状态　　　　图 1-19　展开所有面板时的状态

如果要切换至某个面板，可以直接单击其标签名称；如果要隐藏某个已经显示出来的面板，可以双击其标签名称。

下面我们将对 Photoshop CS5 中面板的一些细节操作进行讲解。

（1）拆分面板

当要拆分出一个面板时，可以直接按住鼠标左键选中对应的图标或标签，然后将其拖至工作区中的空白位置，如图 1-20 所示。被单独拆分出来的面板如图 1-21 所示。

（2）组合面板

组合面板可以将两个或者多个面板合并到一个面板中，当需要调用其中某个面板时，只需要单击其标签名称即可。按住鼠标左键拖动位于外部的面板标签至想要的位置，直至该位置出现蓝色反光时，如图 1-22 所示，释放鼠标左键，即可完成对面板的拼合操作，如图 1-23 所示。

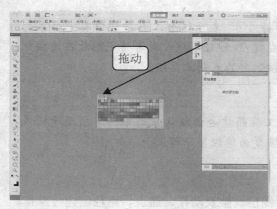

图 1-20　向空白区域拖动面板

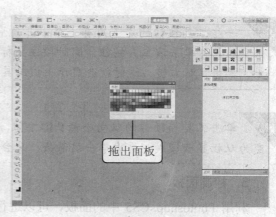

图 1-21　拖出后的面板状态

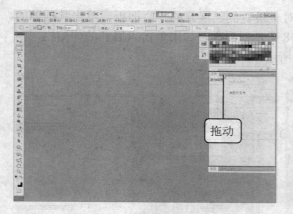

图 1-22　拖动面板（一）

图 1-23　合并面板后的状态

（3）创建新的面板栏

Photoshop CS5 除了默认的两栏面板外，也可以根据自己的需要增加更多栏。增加面板的方法非常简单，拖动一个面板至面板栏的最左侧边缘位置，此时其边缘会出现灰蓝相间的高光显示条，如图 1-24 所示，此时释放鼠标即可创建新的面板栏，如图 1-25 所示。

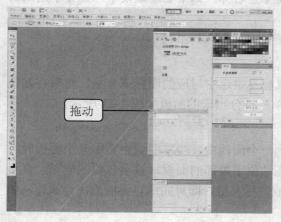

图 1-24　拖动面板（二）

图 1-25　增加面板后的状态

（4）面板菜单

在 Photoshop 中，单击任何一个面板右上角的下三角按钮，均可弹出面板的命令菜单，如图 1-26 所示。在大多数情况下，选择该面板弹出菜单中的命令能提高操作效率。

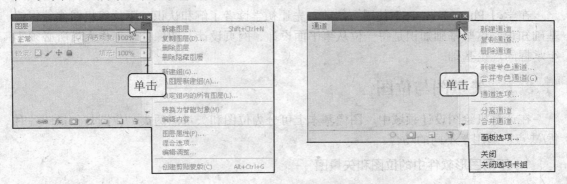

图 1-26　面板命令菜单显示状态

6. 图像窗口

图像窗口用于显示导入 Photoshop CS5 中的图像，所有图像处理操作都是在图像窗口中进行的。窗口标题栏中显示文件名称、文件格式、缩放比例及颜色模式，如图 1-27 所示。

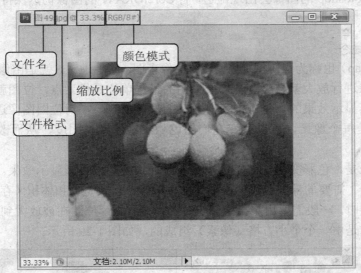

图 1-27　图像窗口

7. 状态栏

Photoshop CS5 版本中的状态栏位于图像下端，而不是整个界面下端。状态栏中显示了当前编辑图像文件的缩放比例及文档大小等信息，如图 1-28 所示。

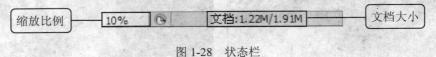

图 1-28　状态栏

1.3 图像处理基础知识

在学习 Photoshop CS5 使用方法前，先让初学读者了解和认识一下计算机图像编辑的基础知识。这些基础知识是每一位从事平面设计、网页设计、图像处理工作人员所必须牢牢掌握的理论基础。

1.3.1 矢量图与位图

在计算机绘图设计领域中，图像基本上可分为位图和矢量图两类，位图与矢量图各有优/缺点，适用于不同的场合。

1. 不同图形软件中的位图和矢量图

用 Photoshop 和 CorelDRAW 两种软件分别绘制图形，在正常的显示比例下，两者的图像品质看起来差不多。

用"放大镜"工具连续多次单击图像，图像之间的区别就变明显了。在 Photoshop 的图像边缘有明显的锯齿，而 CorelDRAW 的图像边缘仍然是平滑的。再应用"变换"工具把图像拉大，Photoshop 的图像会出现虚边，而 CorelDRAW 的图像仍然保持着清晰的边缘。

2. 位图

（1）位图概念

位图（Bitmap）也称为点阵图、栅格图像、像素图（简单地说，就是由像素构成的图），对该格式的图像进行放大就会失真。构成位图的最小单位是像素点，位图就是由像素阵列的排列来实现其显示效果的，每个像素有自己的颜色信息。在对位图图像进行编辑操作时可操作的对象是每个像素，可以改变它们的色相、饱和度、明度，从而改变图像的显示效果。

位图的好处是，色彩变化丰富，可改变任何形状的区域色彩显示效果。相应地，要实现的效果越复杂，需要的像素数越多，图像文件的大小（长宽）和体积（存储空间）越大。

在创建位图时，一般需要用户指定分辨率和图像尺寸。位图在被放大到一定的程度时，我们就会发现它是由一个个小方格（像素）组成的，如图 1-29 所示。

图 1-29 位图未放大和局部放大 500%的前后效果

（2）像素概念

位图本质上是由二维连续排列的正方形栅格构成的，这些栅格又称为"像素"，是位图的最小单位。在 Photoshop 中放大图像时看见的锯齿就是边缘的像素。

在编辑位图时，改变的是像素的位置、颜色或数量，但不能将像素分离为更小的结构。在拉大图像时，相邻的像素被分开，新的像素被添加到其中，新的像素的颜色介于原有的像素之间，这就会引起一定程度的模糊。

"像素"不仅是位图的最小单位，还是屏幕显示的最小单位。在 Windows 操作系统、Mac OS 操作系统中设置屏幕大小的单位就是像素。在 Photoshop 中，除了透明的部分以外，每个像素都被分配一个色值，白色也有自己的色值。

3．矢量图

矢量图（Vector）也称为向量图，简单地说，就是对图像进行缩放而不失真的图像。矢量图的好处是，轮廓的形状更容易修改和控制，但是对于单独的对象，色彩上的变化不如位图方便、直接。

另外，支持矢量格式的应用程序也远远没有支持位图的多，很多矢量图形都需要专门的程序才能打开浏览和编辑。常用的矢量绘制软件有 Adobe Illustrator、CorelDRAW、FreeHand、Flash 等。

如图 1-30 所示的图像对象就是矢量图像。将图像放大到 500%后，图像效果仍然清晰。

图 1-30　矢量图未放大和局部放大 500%的前后效果

使用 CorelDRAW 等软件描绘出来的图形，是由填充色、轮廓线属性（如方向、曲率、粗细、形态、颜色）等因素决定的，与像素无关；将它放大或拉大时，图像的品质不会发生变化，这就是矢量图。

> **注意**　位图与矢量图是两个不同的图像概念，它们之间的最大区别在于位图在放大到一定程度时图像会变得比较模糊，但将矢量图放大不会变模糊。

矢量图可以很容易地转换成位图，但是位图转换为矢量图却并不简单，往往需要比较复杂的运算和手动调节。矢量图和位图在应用上也是可以相互结合的，如在矢量文件中嵌入位图实现特别的效果，还可以在三维影像中用矢量建模和位图贴图实现逼真的视觉效果等。

> **提示**　描绘矢量图的软件，都可以直接输出为位图；而位图要转换成矢量图，需要导入到矢量图软件中重新描绘。

1.3.2　图像分辨率

要想制作出高质量的图像，就必须先理解图像大小和分辨率这两个概念。图像要以多大尺寸在屏幕上显示取决于 3 个因素——图像的像素大小、显示器的分辨率大小与显示器的物理尺寸大小。

1．像素的大小

像素的大小指的是位图图像高度和宽度上的像素数量。例如，在 15 英寸的显示器水平显示 800×600 像素，即尺寸为 800 像素×600 像素的图像将充满此屏幕；在像素设置比 800×600 更大的显示器上，同样大小的图像仍将充满屏幕，但每个像素会更大。

2．分辨率

分辨率（Resolution）是指图像在一个单位长度内所含的像素个数，其单位为像素/英寸或像素/厘米。分辨率可以表示图像文件包含的细节和信息量，也可以表示输入、输出或者显示设备能够产生的清晰度等级。在处理位图时，分辨率同时影响最终输出的质量和文件的大小。分辨率可分为图像分辨率、显示器分辨率、打印输出分辨率、印刷分辨率和位分分辨率 5 种。

（1）图像分辨率

图像分辨率和图像大小之间有着密切的关系。图像分辨率越高，所包含的像素越多，也就是图像的信息量越大，因而文件也越大。通常文件的大小是以 MB（兆字节）为单位的。一般情况下，一个幅面为 A4 大小的 RGB 模式图像，若分辨率为 300ppi，则文件大小约为 20MB。在 Image Ready 程序中，图像的分辨率始终是 72ppi。这是因为 Image Ready 应用程序创建的图像是专门用于联机介质而非打印介质。图像的分辨率=图像的挂网频率×2。

（2）显示器分辨率

显示器分辨率是指显示器上每单位长度显示的像素或点的数量，通常以点/英寸（dpi）来表示。显示器分辨率取决于显示器的大小及其像素设置。现在绝大多数新型显示器的分辨率为 96dpi，而较早的 Mac OS 显示器的分辨率为 72dpi。了解显示器分辨率后，我们就可以理解为什么图像在屏幕上的显示尺寸不同于其打印尺寸了。当图像像素直接转换为显示器像素时，这意味着若图像分辨率比显示器分辨率高，那么在屏幕上显示的图像就比其打印尺寸大。例如，在 72dpi 的显示器上显示 1 英寸×1 英寸即 144ppi 的图像时，它在屏幕上显示的区域为 2 英寸×2 英寸。这是因为显示器每英寸只能显示 72 像素，因此需要 2 英寸来显示图像一条边的 144 像素。

（3）打印输出分辨率

打印输出分辨率主要是指所有的激光打印机（包括照排机）产生的每英寸油墨点数（dpi，dot per inch）。图像文件通过输出设备输出时，我们用 dpi 来描述打印机的输出质量，用 lpi（line per inch，每英寸线数）来描述印刷品质量。通常 ppi 和 dpi 可以使用相同的数值，而不会影响图形的输出质量；而用于印刷的图片如何设置 ppi 数值，则需要通过一个公式来换算：（1.5～2）×印刷网线数（lpi）=分辨率（ppi）。

（4）印刷分辨率

印刷分辨率也称为挂网精度，挂网精度越高，印刷成品就越精美，但还与印刷纸张、油墨等有较大关系。如果您在一般的新闻纸（报纸）上印刷挂网精度高的图片，那么该图片不但不会变得更精美，反而会变得一团黑（惨不忍睹）。因此，输出前必须先了解是什么类型的印刷品、何种印刷用纸，再决定挂网的精度。

如表 1-2 所示即为印刷出版物的挂网频率参数。总之，印刷出版物的纸张质量越差，挂网精度就要越低，反之亦然。

表1-2　印刷出版物挂网精度推荐

印刷出版物类型	挂网频率参数
精美艺术书刊、高档广告及宣传册	150～300 lpi
普通书籍、广告及宣传册	133～150lpi
普通杂志、产品说明书	100～150lpi
报纸	60～100lpi

（5）位分分辨率

位分分辨率又称位深，是用来衡量每个像素存储信息的位数，该分辨率决定图像中每个像素存放的颜色信息。例如，一个 24 位的 RGB 图像，表示该图像的原色 R、G、B 各用了 8 位，三者共用了 24 位。

> **提示**　图像的分辨率越高，图像所包含的像素就越多，像素排列得也就越紧凑，细节显示得更多，这样的图像质量就越清晰，所以图像分辨率的大小直接决定着图像的清晰质量。在图像输出中，设置合适的分辨率是至关重要的。在实际应用中，对于图像分辨率的大小设置，要根据实际情况及工作需求进行相应的设置。

1.3.3　图像文件格式

为了便于数码图像的处理和显示输出，需要将数码图像以一定的方式存储在计算机中。图像格式就是将某种数码图像的数据存储于文件中时所采用的记录格式。下面对几种常见的图像格式进行分析比较，这有利于了解各种图像格式的特性，便于在实际应用中准确选择所要存储的文件格式。

1．PSD 文件格式

PSD 格式是 Photoshop 新建图像的默认文件格式，且是唯一支持所有可用图像模式（如位图、灰度、双色调、索引颜色、RGB、CMYK、Lab 和多通道）、参考线、Alpha 通道、专色通道和图层（包括调整图层、文字图层和图层效果）的格式。

2．JPG 文件格式

JPG 文件格式由"联合摄影专家组（Joint Photographic Experts Group）"标准而著称。现在，已经上升为印刷品和万维网发布压缩文件的主要格式。它是一个最有效、最基本的有损压缩格式，被大多数的图形处理软件所支持，还广泛用于 Web 的制作。如果对图像质量要求不高，又要求存储大量图片，使用 JPG 格式无疑是一个好办法。但是，要求进行图像输出打印的，最好不要使用 JPG 格式，因为它是以损坏图像质量为代价来提高压缩质量的。

以 JPG 文件格式保存的图像实际上是两个不同格式的混合物：JPG 格式规范本身，用来定义图像的压缩方法，并且被定义在分辨率和颜色模式的图像数据格式中。

> **注意**　当 Photoshop 每次打开一幅 JPEG 图像并再次存储该文件时，都会再次对该文件进行压缩，图像的质量也会因此而降低。因此，不要频繁地对 JPEG 图像编辑。解决的方法是当完成 JPEG 图像的编辑后，最好另存或存储为副本。

3．TIFF 文件格式

TIFF（Tag Image File Format，有标签的图像文件格式）是 Aldus 公司在 Mac 初期开发的，目的是使扫描图像标准化。它是跨越 Mac 与 PC 平台最广泛的图像打印格式。TIFF 使用 LZW 无损压缩方式，大大减少了图像文件体积，另外最令人激动的功能是可以保存通道。

TIFF 格式支持具有 Alpha 通道的 CMYK、RGB、Lab、索引颜色和灰度图像模式，并支持无 Alpha 通道的位图模式。Photoshop 可以在 TIFF 文件中存储图层，但是，如果在另一个应用程序中打开该文件，则只有拼合图像是可见的。Photoshop 也能够以 TIFF 格式存储注释、透明度和多分辨率金字塔数据。

4．GIF 文件格式

GIF 是输出图像到网页最常采用的格式。GIF 采用 LZW 压缩方式，限定在 256 色以内的色彩。GIF 格式以 87a 和 89a 两种代码表示，GIF87a 严格支持不透明像素，而 GIF89a 可以控制哪些区域透明，因此，更大地缩小了 GIF 的尺寸。如果要使用 GIF 格式，就必须转换成索引颜色（Indexed Color）模式，使色彩数目转为 256 或更少。

> **提示**　GIF 格式和 JPEG 格式是目前网络上使用最普遍的图像格式，并能够被大多数浏览器支持。

5．BMP 文件格式

BMP（Windows Bitmap）是微软公司开发的 Microsoft Pain 的固有格式，这种格式被大多数软件所支持。BMP 格式采用了一种称为 RLE 的无损压缩方式，对图像质量不会产生什么影响。

6．SCT 文件格式

Scitex 是一种图像处理和印刷系统，它所使用的 SCT 格式可用来记录 RGB、CMYK 及灰度模式下的连续层次。在 Photoshop 软件中用 SCT 格式建立的文件可以和 Scitex 系统相互交换。

7．EPS 文件格式

封装的 PostScript（Encapsulated PostScript）格式是处理图像工作中最重要的格式，它在 Mac 和 PC 环境下的图形和版面设计中广泛使用，以及在 PostScript 输出设备上打印时，几乎每个绘画程序及大多数页面布局程序都允许保存 EPS 文档。在 Photoshop 中，通过"文件"菜单的"置入"（Place）命令（注：Place 命令仅支持 EPS 插图）转换成 EPS 格式。

8. PDF 文件格式

PDF（Portable Document Format）是由 Adobe Systems 公司创建的一种文件格式，允许在屏幕上查看电子文档。PDF 文件还可嵌入到 Web 的 HTML 文档中。

9. PNG 文件格式

PNG（Portable Network Graphic）名称来源于非官方的 PNG's Not GIF，是一种位图文件（bitmap file）存储格式，读成 ping。PNG 用来存储灰度图像时，灰度图像的深度可多达 16 位；用来存储彩色图像时，彩色图像的深度可多达 48 位，并且还可存储多达 16 位的 Alpha 通道数据。PNG 使用从 LZ77 派生的无损数据压缩算法。PNG 是 20 世纪 90 年代中期开发的图像文件存储格式，其目的是企图替代 GIF 和 TIFF 文件格式，同时增加一些 GIF 文件格式所不具备的特性。

10. DCS 2.0 格式

桌面分色（DCS 2.0）格式是标准 EPS 格式的一个版本，可以存储 CMYK 图像的分色。使用 DCS 2.0 格式可以导出包含专色通道的图像。若要打印 DCS 文件，必须使用 PostScript 打印机。

1.3.4 常见颜色模式

颜色模式是一种描述颜色的数值方法，也就是一个表示颜色的方法。

1. RGB 颜色模式

RGB 颜色模式是通过光的三原色红（Red）、绿（Green）、蓝（Blue）进行叠加产生丰富的颜色。绝大多数可视光谱都可表示为红、绿、蓝三色光在不同比例和强度上的混合。这些颜色若发生重叠，则产生青、洋红和黄。

RGB 颜色也被称为"加成色"，因为通过将 R、G 和 B 添加在一起（即所有光线反射回眼睛）可产生白色。"加成色"用于照明光、电视和计算机显示器中，例如，显示器通过红色、绿色和蓝色荧光粉发射光线产生颜色。如图 1-31 所示就是 RGB 颜色模式描述颜色的示意图。

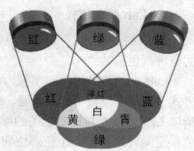

图 1-31 RGB 颜色模式

2. CMYK 颜色模式

CMYK 模式基于纸张上打印油墨的光吸收特性。当白色光线照射到透明的油墨上时，将吸收一部分光谱，没有吸收的颜色反射回人的眼睛。

混合纯青色（C）、洋红色（M）和黄色（Y）色素可通过吸收产生黑色，或通过相减产生所有颜色，因此这些颜色称为"减色"。添加黑色（K）油墨以实现更好的阴影密度（使用字母 K 的原因是，黑色是产生其他颜色的"主"色）。将这些油墨混合重现颜色的过程称为四色印刷。如图 1-32 就是 CMYK 颜色模式描述颜色的示意图。

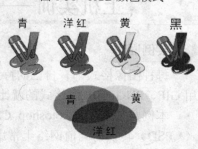

图 1-32 CMYK 颜色模式

3．HSB 颜色模式

HSB 模式以人类对颜色的感觉为基础，描述了颜色的 3 种基本特性。

- 色相（H）：反射自物体或投射自物体的颜色。在 0°～360° 的标准色轮上，按位置度量色相。在通常的使用中，色相由颜色名称标识，如红色、橙色或绿色。
- 饱和度（S）：颜色的强度或纯度（有时称为色度）。饱和度表示色相中灰色分量所占的比例，它使用从 0%（灰色）～100%（完全饱和）的百分比来度量。在标准色轮上，饱和度从中心到边缘递增。
- 亮度（B）：表示颜色的相对明暗程度，通常使用从 0%（黑色）～100%（白色）的百分比来度量。

如图 1-33 就是 HSB 颜色模式描述颜色的示意图。

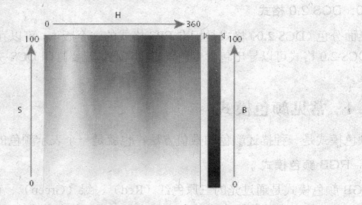

图 1-33　HSB 颜色模式

4．Lab 颜色模式

Lab 颜色模式基于人对颜色的感觉，是由专门制定各方面光线标准的组织（CIE）创建的数种颜色模式之一。

Lab 中的数值描述正常视力的人能够看到的所有颜色。因为 Lab 描述的是颜色的显示方式，而不是设备（如显示器、桌面打印机或数码相机）生成颜色所需的特定色料的数量，所以 Lab 被视为与设备无关的颜色模式。色彩管理系统使用 Lab 作为色标，将颜色从一个色彩空间转换到另一个色彩空间。

1.4 上机实训——将图像文件转换成自己需要的格式

实例说明

每种图像格式都有自己的特点与应用领域，比如做网页绝不能用 BMP 格式的图片，而用 GIF、PNG、JPEG 格式的就比较合适。下面我们来学习如何正确地转换图片的格式。

本例主要利用 Photoshop CS5 的图像格式转换功能，将 Photoshop 类型的图像文件（*.PSD）转换为当前网络上常用网页类型的图像文件（*.JPG），然后比较两个文件大小有何变化。

📖 学习目标

通过对本例的学习，一要掌握在 Photoshop 中图像文件格式的转换方法；二要进一步认识和了解不同图像文件格式的作用。

原始文件：	素材文件\第 1 章\1-01.psd
结果文件：	结果文件\第 1 章\1-01.jpg
同步视频文件：	同步教学文件\第 1 章\1.4 上机实训——将图像文件转换成自己需要的格式.mp4

Step 01 打开 Photoshop CS5，在菜单栏上执行"文件→打开"命令，如图 1-34 所示。

Step 02 弹出"打开"对话框，选择图片路径，单击素材文件"1-01.psd"，单击"打开"按钮，如图 1-35 所示。

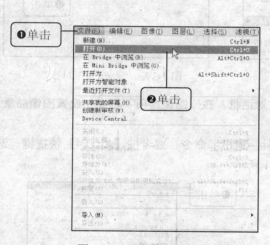

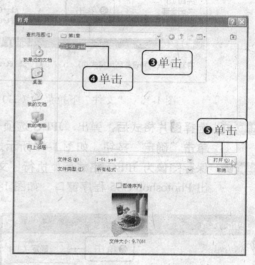

图 1-34 "文件"下拉菜单（一）　　　　　　图 1-35 "打开"对话框

Step 03 打开"1-01.psd"文件，进入 Photoshop 工作界面，如图 1-36 所示。

Step 04 从图像窗口的标题栏上可以看出，文件类型为 PSD 格式，如图 1-37 所示。

图 1-36 打开的图片　　　　　　　　　图 1-37 图像窗口

Step 05 在菜单栏中执行"文件→存储为"命令，把图片文件另外存储，如图 1-38 所示。

Step 06 在弹出"存储为"对话框后，在"格式"下拉列表中选择保存文件的格式类型为 JPEG（*.JPG; *.JPEG; *JPE），单击"保存"按钮，如图 1-39 所示。

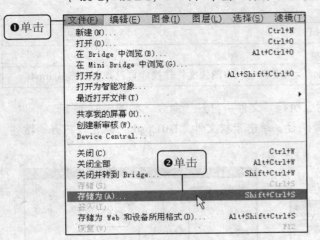

图 1-38　"文件"下拉菜单（二）　　　　　　图 1-39　"存储为"对话框

Step 07 选择图片格式后，弹出"JPEG 选项"对话框。在"图像选项"栏中，设置图像品质，单击"确定"按钮，如图 1-40 所示。

Step 08 保存图像为 JPEG 格式后，执行"文件→退出"命令，或者按【Alt+F4】快捷键，退出 Photoshop CS5 程序窗口，如图 1-41 所示。

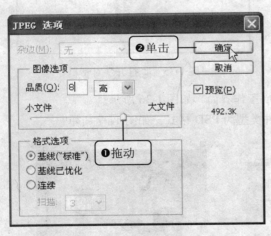

图 1-40　"JPEG 选项"对话框　　　　　　图 1-41　退出 Photoshop CS5

 提示 可在"品质"文本框中输入 0~12，数目越大，画质越清晰，但文件也越大。

Step 09 找到素材文件"1-01.psd"，单击鼠标右键，在弹出的快捷菜单中选择 "属性"命令，查看文件属性如图 1-42 所示。

Step 10 找到结果文件"1-01.jpg"，单击鼠标右键，在弹出的快捷菜单中选择"属性"命令，查看文件属性如图 1-43 所示。

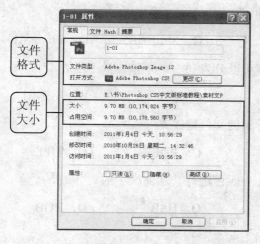

图 1-42　文件属性（一）

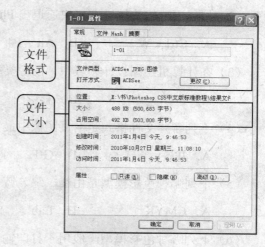

图 1-43　文件属性（二）

经过对比文件大小，可以发现 PSD 格式文件比 JPG 格式文件占用硬盘空间大。

1.5　本章小结

本章主要介绍了 Photoshop CS5 的新增功能、安装、启动与退出、界面组成和图像处理的相关基础知识。重点内容包括 Photoshop CS5 的界面组成、图像的分类、图像的文件格式、色彩模型等内容。其中，正确认识矢量图与位图的区别，有效掌握图像分辨率作用，以及图像的文件格式和色彩模型知识，对于今后从事平面设计工作的人员来讲是十分重要的，也是本章学习的难点。

1.6　本章习题

1．填空题

（1）位图也称为点阵图、栅格图像、像素图（简单地说，就是由＿＿＿＿＿＿构成的图），对该格式图像进行放大就会失真。

（2）＿＿＿＿＿＿是指图像在一个单位长度内所含的像素个数，其单位为像素/英寸或像素/厘米。

（3）在处理位图时，分辨率同时影响最终输出的质量和文件的大小。分辨率可分为图像分辨率、＿＿＿＿＿分辨率、＿＿＿＿＿＿分辨率、＿＿＿＿＿＿分辨率和位分分辨率 5 种。

（4）＿＿＿＿＿＿文件格式是 Photoshop 的默认文件格式。

2．选择题

（1）要安装 Photoshop CS5 时，将安装光盘放入光驱中，找到（　　）文件并双击，即可进入安装向导。

　　　　A．Setup.doc　　　　B．Setup.exe　　　　C．Setup.txt　　　　D．Setup.dll

（2）按以下哪组快捷键即可快速退出 Photoshop CS5 程序窗口？（　　　）

　　　A. Ctrl + W　　　　　B. Alt + F4　　　　　C. Shift + F5　　　　D. Ctrl + Alt

（3）在计算机绘图设计领域中，图像类型可以分为（　　　）和矢量图两类。

　　　A. 位图　　　　　　　B. 彩色图　　　　　　C. 黑白图　　　　　D. 手工图

（4）下列哪些文件格式是网页图像中最常用的文件格式？（　　　）

　　　A. JPG　　　　　　　B. GIF　　　　　　　　C. PDF　　　　　　D. TIFF

（5）下列哪种色彩模型是由红、绿、蓝 3 种颜色进行叠加而产生的？（　　　）

　　　A. CMYK　　　　　　B. Lab　　　　　　　　C. HSB　　　　　　D，RGB

（6）下列哪种色彩模型一般用于打印输出？（　　　）

　　　A. CMYK　　　　　　B. Lab　　　　　　　　C. HSB　　　　　　D. RGB

3．上机操作

（1）启动 Photoshop CS5 程序窗口，将工具箱进行双栏显示，并显示出"图层"面板组和"色板"面板组。

（2）将面板组中的"图层"面板单独分离出来，再将"色板"面板单独分离出来，然后将这两个面板组合在一起。

（3）通过快捷键对浮动面板、选项栏、工具箱进行隐藏和显示操作，分别练习 3 次。然后通过快捷键只对浮动面板进行隐藏或显示操作，分别练习 3 次，强化快捷键的作用。

（4）在 Photoshop CS5 中，打开一幅文件格式为 JPG 的图像文件，然后将图像文件进行另存为 PSD 格式。

第2章

Photoshop CS5 的基础操作

通过对前一章内容的学习,相信读者对 Photoshop CS5 图像处理有所了解和认识。在进行图像正式处理前,熟练掌握 Photoshop CS5 的基本操作尤为重要。本章将主要介绍 Photoshop CS5 的基本操作,包括文件的基本操作、图像窗口的基本操作、相关辅助工具的应用等知识。通过本章内容的学习,让读者快速地掌握 Photoshop CS5 的入门操作。

本章知识点

- ◎ 文件的相关操作
- ◎ 视图的控制
- ◎ 图像窗口的相关操作
- ◎ 辅助工具的使用
- ◎ 设置图像与画布的大小
- ◎ 还原、返回与向前操作

2.1 文件的相关操作

Photoshop CS5 的文件基本操作包括新建、存储、打开、关闭等，下面将分别讲解具体的操作。

2.1.1 新建文件

启动 Photoshop CS5 程序后，默认状态下没有可操作文件，可以根据自己实际需要新建一个空白文件，具体操作步骤如下。

Step 01 执行"文件→新建"命令，如图 2-1 所示，打开"新建"对话框。

Step 02 在打开的"新建"对话框中，根据需要对各项参数进行设置，完成后单击"确定"按钮，如图 2-2 所示。

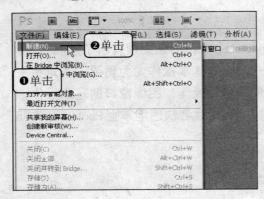
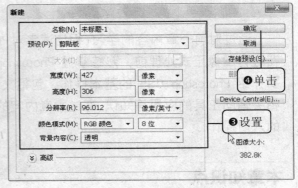

图 2-1 执行"新建"菜单命令   图 2-2 "新建"对话框

- 名称：用于输入新建的文档名称，如果没有输入，则程序将使用默认的文件名。
- 预设：从其下拉列表中可选择各种规格的图像尺寸。
- 宽度和高度：用于输入图像文件的尺寸，在其右侧的下拉列表中可选择单位。
- 分辨率：用于输入图像文件的分辨率，分辨率越高，图像品质越好，在其右侧的下拉列表中可选择分辨率的单位。
- 颜色模式：在该下拉列表中可选择图像文件的颜色模式，一般选择 RGB 或 CMYK 颜色模式。在其右侧还可以选择位深度，通常保持默认的"8 位"设置。
- 背景内容：用于选择图像的背景颜色，也就是画布的颜色，通常选择"白色"。
- 高级：单击 ⊗ 按钮展开"高级"栏，在其中可设置图像文件的颜色配置文件和像素长宽比，一般保持默认设置。

使用【Ctrl+N】快捷键也可以打开"新建"对话框。

2.1.2　打开文件

在 Photoshop 中可以打开它所支持的一个或多个图像文件，直接对图像进行编辑，其具体操作如下。

Step 01 执行"文件→打开"命令，如图 2-3 所示，打开"打开"对话框。

Step 02 在"打开"对话框中，单击"查找范围"下拉列表框右侧的下三角按钮，选择要打开的图像文件所在的位置，在列表框中选择要打开的图像文件，这里选择"香果.jpg"文件，在对话框的下方出现该图片的大小和图像内容，单击"打开"按钮，如图 2-4 所示。

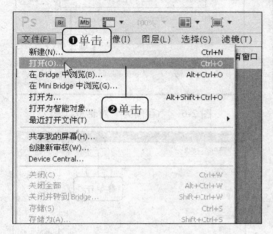
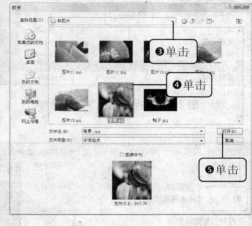

图 2-3　执行"打开"菜单命令　　　　　图 2-4　"打开"对话框

> **提示**　在 Photoshop CS5 图像窗口的空白处双击鼠标左键，也可以弹出"打开"对话框。另外，在"打开"对话框中，按住 Ctrl 键不放，然后单击需要的文件可以一次性打开多个文件。

2.1.3　保存文件

图像编辑完成后要退出 Photoshop CS5 的工作界面时，就需要对完成的图像进行保存。保存的方法有很多种，可根据不同的需要进行选择。

1．存储文件

Step 01 执行"文件→存储"命令，如图 2-5 所示，打开"存储为"对话框。

Step 02 在"存储为"对话框中，在"文件名"文本框中输入图像文件，在"格式"下拉列表中选择图像的保存格式，单击"保存"按钮保存图像文件，如图 2-6 所示。

2．另存为文件

当对已经打开的文件进行修改编辑后，若既要保留修改过的文件，又不想放弃原文件，则可以用"存储为"命令来保存文件。

Step 01 执行"文件→存储为"命令，如图 2-7 所示，打开"存储为"对话框。

Step 02 在打开的"存储为"对话框中设置该图像文件的名称、保存路径和文件格式等，单击"保存"按钮，如图 2-8 所示，其操作与存储文件相似。

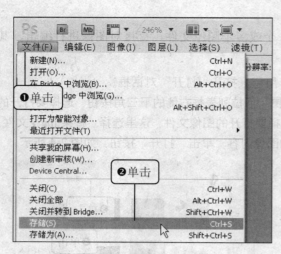

图 2-5 执行"存储"菜单命令

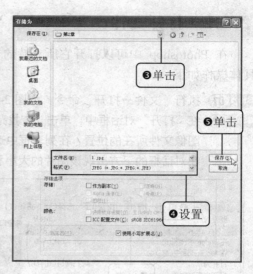

图 2-6 "存储为"对话框（一）

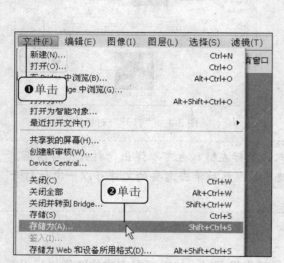

图 2-7 执行"存储为"菜单命令

图 2-8 "存储为"对话框（二）

 提示   使用【Shift+Ctrl+S】快捷键也可以打开"存储为"对话框。

2.1.4 关闭文件

当不需要使用某个图像文件时可以将其关闭，而不退出 Photoshop 程序。其方法主要有以下几种。

方法 1：执行"文件→关闭"命令，关闭当前图像文件。

方法 2：执行"文件→关闭全部"命令，关闭当前图像文件。

方法 3：按【Ctrl+W】或【Ctrl+F4】快捷键，关闭当前图像文件。

方法 4：单击图像窗口上方标题栏中的 × 按钮，关闭相应图像文件。

2.2 视图的控制

在 Photoshop 图像处理中，经常需要对文件的视图进行调整，以便更好地编辑和修改图像。

2.2.1 放大与缩小图像

在编辑和处理图像文件时，可以通过放大或缩小操作来调整显示图像的比例。放大或缩小显示图像的方法有以下几种。

方法 1：执行"视图→放大"命令放大图像；执行"视图→缩小"命令缩小图像。

方法 2：按【Ctrl++】快捷键放大图像；按【Ctrl+-】快捷键缩小图像。

方法 3：单击工具箱的"缩放工具"按钮，当鼠标光标变为 🔍 形状时，在图像窗口中单击或按住【Alt】键单击，可放大或缩小图像到下一个预设百分比。使用"缩放工具"放大图像的过程，如图 2-9 所示。

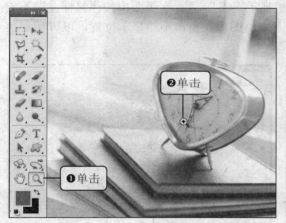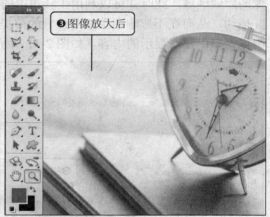

图 2-9 使用"缩放工具"放大图像

> **注意**
> 单击选项栏中的 🔍 按钮，当鼠标光标变为 🔍 形状时，使用相同的方法可缩小图像。

方法 4：在导航器控制面板中，向右拖动面板底部的滑块或单击"放大"按钮 ◢，可放大图像；向左拖动滑块或单击"缩小"按钮 ◣ 可缩小图像；在面板左下角的文本框中输入数值，可按指定值放大或缩小图像，如图 2-10 所示。

> **提示**
> 导航器控制面板缩略图中的红色选框，表示被放大区域。在选框中按住鼠标左键并拖动，可移动放大选框至图像中的任意位置。在图像窗口左下角的文本框中输入数值，也可按指定值放大或缩小图像。

图 2-10　使用导航器控制面板放大图像

2.2.2　抓手工具

　　在对图像进行操作时，将图像放大显示后，图像的某些部分超出当前窗口的显示区域而无法在图像中完全显示，此时窗口将自动出现垂直或水平滚动条。如果要查看被放大图像的隐藏区域，此时就可以利用工具箱中的"抓手工具" 🖑，在画面中按住鼠标左键不放并拖动，从而在不影响图层相对位置的前提下平移图像在窗口中的显示位置，以方便观察图像窗口中无法显示的内容，如图 2-11 所示。

图 2-11　使用"抓手工具"移动显示

> **注意**　"抓手工具"只有在图像显示大于当前图像窗口时才起作用。双击"抓手工具"，将自动调整图像大小以适合屏幕的显示范围。

2.2.3　100%显示图像

　　100%显示图像是指以图片的实际大小显示在窗口中。在这种情况下，能最真实地反映图片效果，主要有以下两种方法。

　　方法 1：执行"视图→实际像素"命令，如图 2-12 所示。
　　方法 2：单击工具箱中的"缩放工具"，在图像中单击鼠标右键，在弹出的快捷菜单中选择"实际像素"命令，如图 2-13 所示。

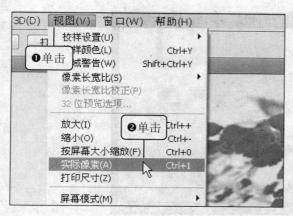

图 2-12　执行"实际像素"菜单命令

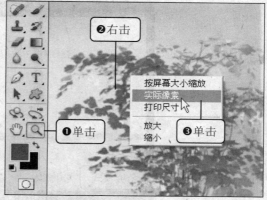

图 2-13　使用"缩放工具"后调出右键菜单

2.2.4　屏幕模式

为了更好编辑图像，Photoshop CS5 为用户提供了 3 种不同的屏幕显示模式：标准屏幕模式、带有菜单栏的全屏模式和全屏模式。方法是执行"视图→屏幕模式"命令，在显示的菜单中选择相关屏幕模式命令即可。

1．标准屏幕模式

在该模式下，窗口内能够显示 Photoshop CS5 的所有项目，例如工具箱、菜单栏、标题栏、工具选项栏、浮动面板及滚动条等对象，如图 2-14 所示。

2．带有菜单栏的全屏模式

在该模式下，Photoshop CS5 窗口仅显示工具箱、菜单栏、工具选项栏、浮动面板，而不显示滚动条和标题栏，如图 2-15 所示。

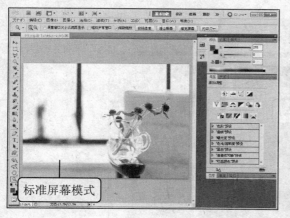

图 2-14　标准屏幕模式

图 2-15　带有菜单栏的全屏模式

3．全屏模式

在全屏模式下，只有黑色背景的全屏窗口，无标题栏、菜单栏或滚动栏。在该屏幕模式下最能全屏查看图像的效果，如图 2-16 所示。

图 2-16　全屏模式

提示

　　连续按【F】键可以在全屏模式、标准屏幕模式和带有菜单栏的全屏模式 3 种模式之间切换。

2.3　图像窗口的相关操作

　　Photoshop CS5 图像窗口的基本操作分为移动、排列、任意拖动、快速切换等几种方法。

2.3.1　移动图像窗口

　　拖动图像窗口的标题栏，可将图像窗口单独显示出来。按住鼠标左键不放，并拖动图像窗口的标题栏，将其拖动至合适位置，然后释放鼠标左键，可移动图像窗口，如图 2-17 所示。

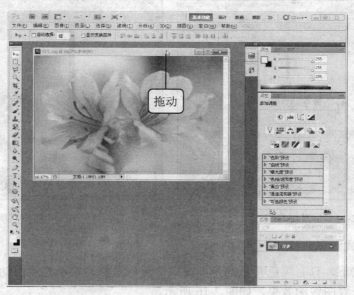

图 2-17　移动图像窗口

2.3.2 排列图像窗口

由于不同的需要，Photoshop CS5 中图像有多种不同的窗口排列方法，如层叠、平铺、合并到选项卡等。

1. 层叠

执行"窗口→排列→层叠"命令，图像窗口会自动重叠排列，如图 2-18 所示。

（a）原图像窗口排列　　　　　　　（b）执行"层叠"命令后的图像窗口排列

图 2-18　层叠排列

2. 平铺

执行"窗口→排列→平铺"命令，图像窗口会自动平铺排列，如图 2-19 所示。

（a）原图像窗口排列　　　　　　　（b）执行"平铺"命令后的图像窗口排列

图 2-19　平铺排列

3. 将内容合并到选项卡

执行"窗口→排列→将所有内容合并到选项卡中"命令，图像窗口会自动排列合并到选项卡，如图 2-20 所示。

 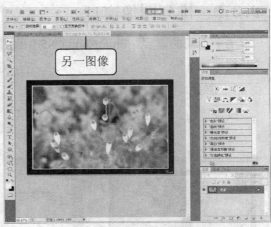

（a）原图像窗口排列　　　　　　　（b）执行"将所有内容合并到选项卡中"命令后

图 2-20　将内容合并到选项卡排列

2.3.3　改变窗口大小

把鼠标放在图像边框位置上，当鼠标指针呈 ▨ 状时，按住鼠标左键拖动图像窗口，可改变图像窗口大小，如图 2-21 所示。

 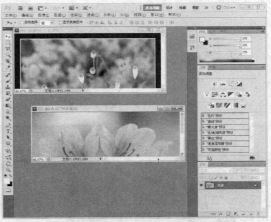

（a）原图像窗口排列　　　　　　　（b）拖动图像窗口后

图 2-21　改变图像窗口大小

2.3.4　切换图像窗口

方法 1：当打开多个图像时，执行"窗口"命令，在下拉菜单底部单击要编辑的图像名称，便可切换图像窗口，如图 2-22 所示。

方法 2：单击选项卡内图像的标题栏，就可以切换图像窗口，如图 2-23 所示。

图 2-22　利用"窗口"菜单切换　　　　　　图 2-23　单击选项卡的标题栏切换

2.4　辅助工具的使用

　　利用 Photoshop 中的辅助工具（如标尺、网格和参考线等）可帮助用户对图像中某一位置精确定位，下面将分别介绍其功能和使用方法。

2.4.1　标尺

　　标尺可以精确地确定图像或元素的位置，如果显示标尺，则标尺会出现在当前文件窗口的顶部和左侧。标尺内的标记可显示出指针移动时的位置。

　　执行"视图→标尺"命令，将标尺工具调出，如图 2-24 所示。

图 2-24　有、无标尺的效果

可使用【Ctrl+R】快捷键来显示或隐藏标尺。

2.4.2　参考线

　　为了精确知道某一位置或进行对齐操作，可绘出一些参考线。这些参考线只会浮动在图像上方，且不会被打印出来。创建参考线有两种方法，如下所示。

　　方法 1： 执行"视图→新建参考线"命令，在打开的"新建参考线"对话框中选择参考线方向，输入它的位置，单击"确定"按钮，如图 2-25 所示。

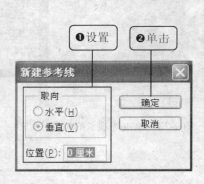

图 2-25　精确创建参考线

　　方法 2： 调出标尺后，可以单击工具箱中的"移动工具" ，按住鼠标左键从标尺处拖出参考线，横向标尺拖出参考线为水平的，纵向标尺拖出的参考线为垂直的，如图 2-26 所示。

图 2-26　拖动标尺的效果

> **提示**　如果需要将拖出的参考线对准标尺上面的刻度值时，拖拉并按住【Shift】键，当松开【Shift】键后，无论拖拉的参考线在何位置，都会自动对齐最近的刻度标记。如果需要改变参考线的方向，可按住【Alt】键的同时，用鼠标左键单击要改变方向的参考线。

2.4.3　网格

　　网格也是一种常用的辅助工具，便于编辑各种规则性较强的图像。在默认情况下，网格不会被打印出来。执行"视图→显示→网格"命令，即可显示出网格，如图 2-27 所示。

无网格效果　　　　　　有网格效果

图 2-27　有、无网格的效果

2.4.4　度量工具

"度量工具"可计算工作区域内任意两点之间的距离和角度。当测量两点间的距离时，此工具会在测量起点和终点之间绘制一条直线（这条线不会打印出来），并在选项栏和"信息"面板中显示下列信息。

- 起始位置（X 和 Y）：测量起点位置的 X 轴和 Y 轴坐标。
- 水平和垂直距离（W 和 H）：在 X 轴和 Y 轴上移动的水平（W）和垂直（H）距离。
- 角度（A）：相对于轴测量的角度（A）。
- 测量总距离：使用度量工具度量的总长度（L1）。

单击工具箱中的"度量工具"按钮 ✐，在图像中单击要测量的起点，然后拖动鼠标指针至要测量的终点，系统会在"信息"浮动面板中显示其测量信息，如图 2-28 所示。

图 2-28　"信息"面板中的测量信息

完成测量操作后，在工具选项栏中也会显示出本次测量的数据结果，如图 2-29 所示。单击"拉直"按钮，可以根据当前测量的角度值自动进行图像旋转。单击"清除"按钮，可以清除本次的测量结果。

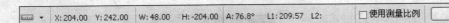

图 2-29　"度量工具"参数栏

提示

在测量时，可按住【Shift】键，限制测量的角度为 45° 的整数倍。

2.5 设置图像与画布的大小

当对打开或新建的图像和画布的大小不太满意时，用户可以进行手动调整设置需要的图像或画布大小。

2.5.1 设置图像大小

通常情况下，图像尺寸越大，图像文件所占空间也越大，通过设置图像尺寸可以减小文件大小。其具体操作步骤如下所示。

Step 01 执行"图像→图像大小"命令，或者指向图像窗口的标题栏，单击鼠标右键，在弹出的快捷菜单中选择"图像大小"命令，如图 2-30 所示，打开"图像大小"对话框。

Step 02 在"图像大小"对话框中的"像素大小"栏中修改数值，设置好后单击"确定"按钮，如图 2-31 所示。

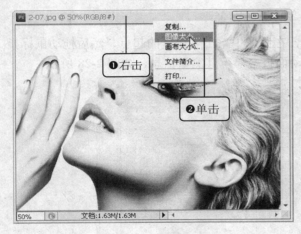

图 2-30　执行"图像大小"命令　　　　图 2-31　设置图像大小

- 像素大小：在"宽度"和"高度"文本框中输入数值，在后面的下拉列表中选择单位，可改变图像在屏幕上的显示尺寸。图像的新文件大小将出现在"像素大小"栏顶部，旧文件大小在新数据后的括号内显示。

- 文档大小：在创建用于打印的图像时，根据打印尺寸和图像分辨率指定图像大小。在"宽度"、"高度"和"分辨率"文本框中输入数值，在后面的下拉列表中选择单位，可改变图像中像素总数和图像文件大小。

- 缩放样式：选中"约束比例"复选框后将激活该复选框，可以保持图像中带图层样式的图层按比例进行缩放。

- 约束比例：选中该复选框后，在"宽度"、"高度"和"分辨率"文本框后面将出现"链接"标志，表示更改其中一项后，其他选项将按比例变化。
- 重定图像像素：选中该复选框后，将激活"像素大小"栏的参数，可以改变像素大小；取消选中该复选框，像素大小将不发生变化。

2.5.2　设置画布大小

画布是指容纳文件内容的窗口，是由最初建立或打开的文件像素决定的，改变画布的大小是从绝对尺寸上来改变的。对画布大小的改变，可通过"画布大小"命令来实现。

Step 01 执行"图像→画布大小"命令，或者指向图像窗口标题栏，单击鼠标右键，在弹出的快捷菜单中选择"画布大小"命令，如图 2-32 所示，打开"画布大小"对话框。

Step 02 在"画布大小"对话框中，要修改画布的大小，只需在对话框中的"新建大小"栏的"宽度"和"高度"文本框中输入需要设置的数值。设置好后单击"确定"按钮即可，如图 2-33 所示。

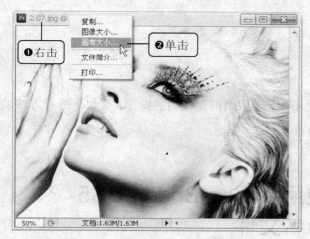

图 2-32　执行"画布大小"命令

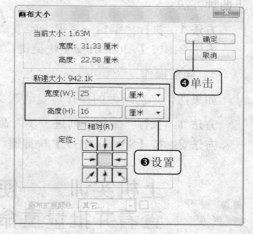

图 2-33　设置画布大小

- 当前大小：显示当前图像的画布大小，默认与图像的宽度和高度相同。
- 新建大小：在该栏中可设置新画布的尺寸。其中"宽度"和"高度"文本框用于输入新画布的尺寸数值，在后面的下拉列表中选择单位。"相对"复选框被选中，"宽度"和"高度"文本框中的数值将归零，输入新的数值，表示画布增加或减少的尺寸。
- 定位：白色方块表示图像在画布中的位置，单击其中一个箭头按钮可确定图像在新画布中的位置，从而确定改变画布尺寸大小的位置。
- 画布扩展颜色：在该下拉列表中可选择新增画布颜色的来源。选择"其他"选项或单击右侧的颜色框，在打开的"拾色器"对话框中可以选择新的画布颜色。

> **注意**　对话框中的"定位"区域，可以指定改变画布大小时的变化中心。当指定到中心位置时，画布就以自身为中心向四周增大或减小；当指定到顶部中心时，画布就从顶部向下、左、右增大或减小，而顶部中心不变。其他定位点的作用以此类推。

2.6 还原、返回与向前操作

在图像编辑的过程中，常常会出现误操作，此时需要返回到以前状态重新操作，或还原前面的操作等。

1. 还原操作

经过多步撤销操作后，希望取消前面所有的撤销操作回到第一次撤销操作之前时，有如下两种方法。

方法 1： 执行"编辑→还原状态更改"命令。
方法 2： 按【Ctrl+Z】快捷键。

2. 返回操作

在图像处理时，如果要撤销当前所做的操作，使图像返回到前一步操作的状态，有如下两种方法。

方法 1： 执行"编辑→后退一步"命令。
方法 2： 按【Alt+Ctrl+Z】快捷键。

3. 向前操作

如果撤销当前所做的操作后发现意义不大，要取消前面撤销的操作，有如下两种方法。

方法 1： 执行"编辑→前进一步"命令。
方法 2： 按【Shift+Ctrl+Z】快捷键。

2.7 上机实训——使用 Adobe Bridge CS5 查看并批量重命名文件

🤜 **实例说明**

Photoshop CS5 中提供了新的功能，利用其中的 Adobe Bridge 功能可以方便地对图像文件进行查看、排列和处理，还可以查看从数码相机导入的照片拍摄信息和相关数据。

此外，从 Adobe Bridge 中您可以查看、搜索、排序、管理和处理图像文件，创建新文件夹、对文件进行重命名/移动/删除、编辑元数据、旋转图像，以及运行"批处理"命令。

📝 **学习目标**

通过本例的学习，主要让读者学习和掌握使用 Adobe Bridge 查看、管理图像文件的方法，以提高图像处理中的操作效率。

同步视频文件：	同步教学文件\第 2 章\2.7 上机实训——使用 Adobe Bridge CS5 查看并批量重命名文件.mp4

Step 01 打开 Photoshop CS5，执行菜单栏上的"文件→在 Bridge 中浏览"命令，如图 2-34 所示，就会弹出 Adobe Bridge 窗口。

Step 02 经过上一步的操作，打开了 Adobe Bridge 界面，如图 2-35 所示。

图 2-34 执行"在 Bridge 中浏览"命令

图 2-35 Adobe Bridge 界面

Step 03 打开 Adobe Bridge 窗口，可在"收藏夹"或"文件夹"面板中选择图片的打开路径。Adobe Bridge 中可设置不同的工作区，执行菜单栏中的"窗口→工作区"命令，会弹出"工作区"级联菜单，菜单中有不同模式的工作区可供需要不同模式的用户选择，如图 2-36 所示。

Step 04 单击电脑中需要查看的图片，左右两边会出现图片的相关信息，如图 2-37 所示。

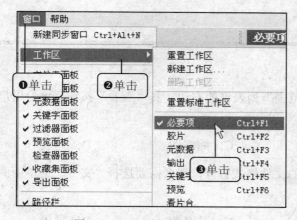

图 2-36 "工作区"级联菜单

图 2-37 查看图片

Step 05 打开要管理的图像文件夹，执行"文件→全选"命令或按【Ctrl+A】快捷键，选择文件夹中的所有图片，如图 2-38 所示。

Step 06 执行"工具→批重命名"命令，弹出"批重命名"对话框，若要将批重命名的文件移动至其他文件夹，则选中"目标文件夹"选项组中的"移动到其他文件夹"单选按钮；如果不需要移动文件，则选中"在同一文件夹中重命名"单选按钮。在"新文件名"选项组中可填写新文件名称、选择序列数字位数等。单击"预览"按钮可查看新文件名称，最后单击"重命名"按钮确认修改文件名称，如图 2-39 所示。

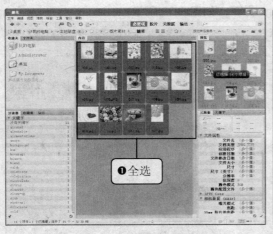

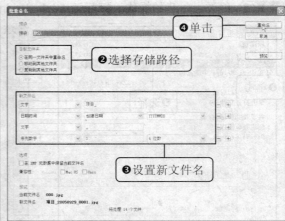

图 2-38　全选图像文件　　　　　　　　　图 2-39　"批重命名"对话框

2.8 本章小结

本章主要介绍了 Photoshop CS5 的文件打开、新建、保存和关闭，图像视图的缩放、屏幕模式的正确使用，相关辅助工具标尺、参考线、网格线的使用与设置，以及图像大小与画布大小的设置等内容。虽然这些内容简单，但是熟练掌握这些知识就会使用户在工作中大大提高效率。

2.9 本章习题

1．选择题

（1）在"打开"对话框中的"查找范围"列表框的右边，其"查看"按钮 ▦▾ 为用户提供了哪些查看方式？（　　　）

　　A．大图标　　　　B．详细资料　　　　C．缩略图　　　　D．列表

（2）如果要将某个图像文件以特定的文件格式打开，那么需要选择"文件"菜单中的什么命令？（　　　）

　　A．打开　　　　B．导入　　　　C．打开为　　　　D．导出

（3）保存文件的快捷键是以下哪组？（　　　）

　　A．Ctrl + C　　　B．Ctrl + S　　　C．Alt + Y　　　D．Alt + F4

（4）如果要一次性关闭当前打开的所有文件窗口，可以通过以下哪些操作来完成？（　　　）

　　A．选择"文件→关闭全部"菜单命令　　　B．按【Ctrl+W】快捷键
　　C．选择"文件→关闭"菜单命令　　　　　D．按【Alt+Ctrl+W】快捷键

（5）快速放大图像显示的快捷键是（　　　）；快速缩小图像显示的快捷键是（　　　）。

    A．Ctrl＋＋   B．Ctrl＋－   C．Alt＋＋   D．Alt＋Q

（6）按以下哪组快捷键即可在图像窗口中显示或隐藏标尺？（　　　）

    A．Ctrl+T   B．Ctrl+R   C．Ctrl+F   D．Ctrl+E

（7）以下哪种辅助工具可以创建、移动、锁定和删除？（　　　）

    A．标尺   B．参考线   C．网格   D．抓手工具

（8）单击工具箱中的"缩放工具"，然后在图像窗口中单击，或者用鼠标在图像窗口中拖动，可以将图像放大显示；按住（　　　）键操作，可以将图像缩小显示。

    A．Alt   B．Ctrl   C．Shift   D．Ctrl+F

（9）使用以下哪种工具可以对放大后的图像查看不同的区域？（　　　）

    A．参考线   B．网格工具   C．标尺工具   D．抓手工具

（10）如果要多次向前撤销相关操作，可按以下哪组快捷键？（　　　）

    A．Ctrl+Alt＋S   B．Ctrl+R   C．Alt+F   D．Ctrl+Alt+Z

2．填空题

（1）在"打开"对话框中，按住_____键不放，然后单击需要的文件可以一次性选择多个文件进行打开。

（2）要新建一个文件，可以选择"文件"菜单中的"_____"命令或按【_____】快捷键，打开"新建"对话框。

（3）当对已打开的文件进行修改编辑后，若既要保留修改过的文件，又不想放弃原文件，则可以用"_____"命令来保存文件。

（4）通过"导入"命令，可以将外部视频文件图像或外部文件的_____信息导入到当前文档中；通过"_____"命令，可以将当前文档输出为视频文件或矢量图文件。

（5）Photoshop CS5 为用户提供了 3 种不同的屏幕显示模式，分别为_____屏幕模式、带有菜单栏的全屏模式和_____模式。

（6）当需要将标尺的原点恢复到默认位置时，只需在标尺左上角的相交处_____鼠标左键即可。

（7）"度量工具"可计算工作区域内任意两点之间的距离。当测量两点间的距离时，此工具会绘制一条直线，并在_____和"_____"浮动面板中显示相关信息。

（8）在"图像大小"对话框中，选择对话框中的"_____"复选框时，在单独改变图像的宽度或高度时，高度或宽度也会成比例改变。

3．上机操作

（1）打开 Photoshop CS5 程序窗口，新建一个文件，其创建要求为：①文件命名为"宣传单"；②文件的宽度为"18.5 厘米"、高度为"26 厘米"；③分辨率为"300ppi"；④颜色模式为"8"位的"CMYK 模式"；⑤背景内容为"白色"。

（2）将文件以"宣传单"为文件名，保存在磁盘 C 根目录下，保存格式类型为*.TIFF。

（3）更改当前图像大小，其分辨率更改为"200ppi"、宽度为"21 厘米"、高度为"19.7 厘米"。

（4）打开任意一幅图像文件，将图像放大为 300%进行显示，然后再缩放到 100%进行显示，观察其图像缩放显示的效果变化。

（5）在当前图像窗口中显示出标尺，然后通过标尺创建两条水平参考线，其位置分别为"1 厘米"和"2 厘米"。再通过手工拖动的方式任意创建 3 条垂直参考线。

（6）使用"度量工具"，从当前窗口的左上角拖动度量到窗口的右下角，观看其选项栏和"信息"浮动面板上的相关数据。

（7）在当前图像窗口中显示出网格，并对网格格式进行设置，颜色为"红色"、样式为"虚线"、网格间距为"10 毫米"、子网格个数为 2，然后观察当前窗口中网格样式的变化。

第3章

创建与编辑图像选区

在 Photoshop CS5 中对图像进行编辑处理时，经常需要对图像的局部进行选择，此时，就会用到选区工具。选择工具可以分为规则选区工具和不规则选区工具。另外，创建好选区后，有时还需要对选区进行修改、编辑与填充等操作。通过对本章内容的学习，可以掌握图像选区的创建和编辑操作知识。

本章知识点

- ◎ 规则选区的创建
- ◎ 不规则选区的创建
- ◎ 调整选区
- ◎ 设置使用颜色
- ◎ 颜色填充和选区描边

3.1 规则选区的创建

在 Photoshop CS5 中，选区工具可以分为规则选区工具和不规则选区工具两种，其中规则选区工具包括"矩形选框工具" 、"椭圆选框工具" 、"单行选框工具" 和"单列选框工具" 。

3.1.1 使用"矩形选框工具"创建选区

使用"矩形选框工具"在图像中选取图像时，需要通过鼠标拖曳指定矩形图像区域，然后对选区进行组合或编辑，具体操作步骤如下。

Step 01 在工具箱中选择"矩形选框工具"，如图 3-1 所示。

Step 02 移动鼠标至图像窗口，当鼠标指针呈"十"字形状时，在页面中单击鼠标左键并拖曳，此时将出现一个虚线框，释放鼠标后，创建出的矩形选区如图 3-2 所示。

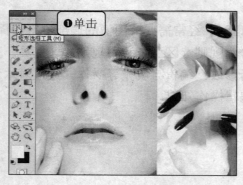

图 3-1 选择"矩形选框工具"

图 3-2 创建矩形选区

> **提示** 按【M】键可以选择"矩形选框工具"或"椭圆选框工具"，按【Shift+M】快捷键可以在这两个工具间进行切换。按住【Shift】键的同时单击鼠标并拖曳，就可创建正方形选区。

选择工具箱中"矩形选框工具"后，窗口上方会出现工具选项栏，如图 3-3 所示。其他几种创建选区工具的属性栏有相似功能。

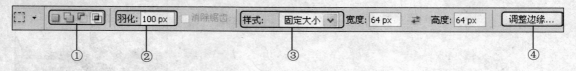

图 3-3 "矩形选框工具"选项栏

① 选区布尔运算按钮：主要包括"新选区"按钮 、"添加到选区"按钮 、"从选区减去"按钮 和"与选区交叉"按钮 ，这些主要是应用于选区和选区之间的布尔运算方法。选取 3 种运算方式的不同效果如图 3-4 所示。

制作两个重叠选区

添加选区效果

从选区减去效果

与选区交叉效果

图3-4　选区的布尔运算效果

> **提示**　当需要选区快速增/减时，可使用快捷键以提高工作效率。从选区添加选区时，可按住【Shift】键快速添加选区；从选区上减去选区时，可按住【Alt】键快速减去选区；保留交叉部分的选区，可按住【Shift+Alt】快捷键快速保留。

②　选区的羽化：该选项是使选定范围内的图像边缘达到朦胧的效果。羽化值越大，朦胧范围越宽；羽化值越小，朦胧范围越窄。选择"矩形选框工具"，在选项卡中设置羽化值为100，图像效果如图3-5所示。

图3-5　选区羽化效果

> **注意**　在创建选区时，羽化数值不宜设置过大，否则选区边缘将不可见；可以直接按【Shift+F6】快捷键，打开"羽化选区"对话框，对选区进行羽化操作。

③ 选区的样式："样式"工具栏有 3 个选项，包括"正常"、"固定比例"和"固定大小"。"正常"样式为默认数值，可以创建大小不一的矩形选区；"固定比例"可以设置宽度和高度之间的比例数值，创建固定比例的选区；"固定大小"可以设置选区高度和宽度大小，创建固定大小的选区。单击██按钮可以互换"高度"和"宽度"的数值。

④ 调整边缘：在选项栏中单击"调整边缘"按钮，打开"调整边缘"对话框。在对话框中可以直接对所选取的区域进行调整，如设置选区的半径、对比度、平滑、羽化等属性，最后可以选择选区的输出方式。

3.1.2 使用"椭圆选框工具"创建选区

使用"椭圆选框工具"可以在图像中创建椭圆形或圆形的选区，通过拖曳鼠标进行选区创建的具体操作步骤如下。

Step 01 在工具箱的"矩形选框工具"处右击鼠标，弹出复合工具组，单击"椭圆选框工具"，如图 3-6 所示。

Step 02 移动鼠标至图形窗口，在需要创建选区的位置处单击鼠标左键并拖曳，创建一个合适大小的椭圆选区，如图 3-7 所示。

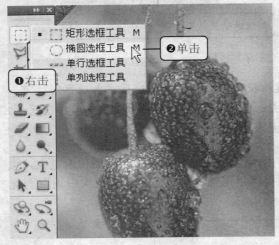

图 3-6 选择"椭圆选框工具"

图 3-7 创建椭圆选区

> **提示** 使用"椭圆选框工具"创建选区时，按住【Shift】键的同时拖动鼠标，释放鼠标后可创建一个圆形的选区。

3.1.3 单行或单列选框工具

使用单行（或单列）选框工具可以非常准确地选择图像的一行像素（或一列像素）。移动鼠标至图形窗口，在需要创建选区的位置处单击鼠标，即可创建选区。若对创建选区进行填充，可以得到一条横线或竖线。如图 3-8 和图 3-9 所示分别是单行选区和单列选框工具创建的选区。

单击

单击

图 3-8 单行选区   图 3-9 单列选区

提示 在运用 Photoshop 绘制表格或许多平行线和垂直线时，可以运用工具箱中的"单行（或单列）选框工具"方便地进行相应的填充操作，从而提高工作效率。

3.2 不规则选区的创建

除了通过前面规则选区工具来创建一些比较规则的选区外，往往在处理图像时还需要创建一些不规则的选区。下面给读者介绍相关方法。

3.2.1 使用"套索工具"创建选区

"套索工具"对于创建不规则的选区非常适用，可以通过鼠标移动的位置手动创建任意形状的选区，具体的操作步骤如下。

Step 01 单击工具箱中的"套索工具" ，移动鼠标至图像窗口，在需要选择的图像边缘处单击鼠标并拖动，以选取所需要的范围，如图 3-10 所示。

Step 02 运用鼠标框选所需要的范围后，释放鼠标，得到一个自由的选区，如图 3-11 所示。

❶单击

❷拖动

❸创建选区

图 3-10 选择并拖动套索   图 3-11 创建套索选区

注意
在使用"套索工具"创建选区时，在任意位置处拖曳鼠标，只要释放标左键后系统就将自动在鼠标单击的起始点和鼠标释放的位置之间进行连接，作为创建的选区。

3.2.2　使用"多边形套索工具"创建选区

"多边形套索工具"用于选取不规则的多边形选区，通过鼠标的连续单击创建选区边缘。该工具适用于选取一些复杂的、棱角分明的图像，具体的操作方法如下。

Step **01** 在工具箱的"套索工具"处右击鼠标，选择隐藏的"多边形套索工具" ，如图 3-12 所示。

Step **02** 在需要创建选区的图像位置处（例如海星图像边缘）单击鼠标，确认起始点，在不同需要改变选取范围方向的转折点处单击鼠标，创建路径点，如图 3-13 所示。

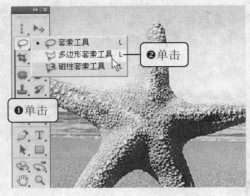

图 3-12　选择"多边形套索"工具　　　　　　　图 3-13　创建多边形选区

Step **03** 当终点与起点重合时，鼠标指针下方显示一个闭合图标 ，如图 3-14 所示。

Step **04** 单击鼠标左键，完成选取的操作，得到一个多边形选区，如图 3-15 所示。

图 3-14　确定选择范围　　　　　　　　　　图 3-15　完成选区创建

注意
运用"多边形套索工具"创建选区时，如果创建的路径终点没有回到起始点，这时双击鼠标左键，系统将会自动连接终点和起始点，从而创建一个封闭的选区。

在运用"多边形套索工具"创建选区时，掌握以下技巧将对工作有很大的帮助。

- 按住【Shift】键的同时，可按水平、垂直或 45°角的方向创建选区。
- 若按住【Alt】键，可将"多边形套索工具"切换为"套索工具"的功能。而在使用"套索工具"选取图像时，若按住【Alt】键，则可以切换为"多边形套索工具"的功能。
- 按【Delete】键，可删除最近创建的路径；若连续按多次【Delete】键，可以删除当前所有的路径。
- 按【Esc】键，可取消当前的选取操作。

3.2.3 使用"磁性套索工具"创建选区

"磁性套索工具"适用于选取复杂的不规则图像，以及边缘与背景对比强烈的图形。在使用"套索工具"创建选区时，系统将套索路径自动吸附在图像边缘上。

Step 01 选择工具箱中的"多边形套索工具" ，在图像中红花边缘处单击鼠标左键，确认起始点，然后沿花的边缘进行拖曳，如图 3-16 所示。

Step 02 当终点与起始点重合时，鼠标指针呈 形状，单击鼠标左键即可创建一个图像选区，如图 3-17 所示。

图 3-16　拖曳鼠标

图 3-17　创建磁性套索选区

选择"磁性套索工具"后，其工具选项栏如图 3-18 所示。

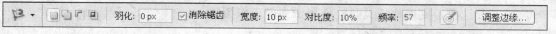

图 3-18　"磁性套索工具"选项栏

- 宽度：用于设置"磁性套索工具"选取图像时的探查距离。在其右侧的文本框中可输入 1～256 px 之间的数值，其数值越大，探查的范围就越大。
- 对比度：用于设置"磁性套索工具"对图像边缘的灵敏度。其数值越大，反差越大，选取的范围就越精细。
- 频率：用于设置边界的锚点数，这些锚点起到了定位选择的作用。

> **提示** 若选取时偏离了对象的轮廓，可按【Esc】键取消当前全部的选取操作，或按【Delete】键删除一个节点再继续选取操作。

3.2.4　使用"魔棒工具组"创建选区

魔棒工具组可以用来选取颜色相似的图像选区，该组中包括 "魔棒工具" 和"快速选择工具" 。

1．魔棒工具

选择"魔棒工具" ，用鼠标左键单击所要创建选区的颜色，即可根据该处的颜色，创建出相同或相近颜色区域的选区，如图 3-19 所示。

图 3-19　单击背景颜色处创建选区

选择"魔棒工具"后，其选项栏如图 3-20 所示。

图 3-20　"魔棒工具"选项栏

- 容差：用于设置选择区域的精度。其右侧文本框的数值越小，选取的颜色范围越近似，选取范围也就越小。
- 连续：选中该复选框，在图像中只能选择与鼠标落点处像素相近且相连的部分；取消选中该复选框，在图像中便可以选择所有与鼠标落点处像素相近的部分。
- 对所有图层取样：选中该复选框时，将在所有可见图层中应用魔棒工具；取消选中该复选框，则魔棒工具只能作用于当前工作图层。

2．快速选择工具

快速选择工具可以快速地选取图像中的区域，只需在要选取的图像上涂抹，此时系统即会根据鼠标所到之处的颜色自动创建选区，具体的操作方法如下。

Step 01　选择工具箱中的"快速选择工具" ，在其选项栏中设置画笔的直径、硬度等参数，如图 3-21 所示。

Step 02　在图像中涂抹，此时边缘与鼠标所到之处的图像颜色相似的区域将被选取，如图 3-22 所示。

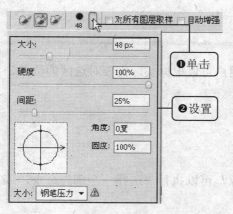

图 3-21 设置选项栏参数　　　　　　　图 3-22 创建选区

 使用"快速选择工具"选取图像时，画笔笔触越大，选取的图像范围也就越大。

3.2.5 使用"色彩范围"命令创建选区

使用"色彩范围"命令可以在选取特定颜色范围时预览到调整后的效果，并且可以按照图像中色彩的分布特点自动生成选区。下面以选择人物衣服颜色为例，介绍使用"色彩范围"命令创建选区的具体操作方法。

Step 01 执行"选择→色彩范围"命令，弹出"色彩范围"对话框，设置"颜色容差"值为180，使用吸管工具在人物的衣服位置处单击鼠标，确认取样点，如图 3-23 所示。

Step 02 单击"确定"按钮，此时可看到运用"色彩范围"命令创建的颜色区域，如图 3-24 所示。

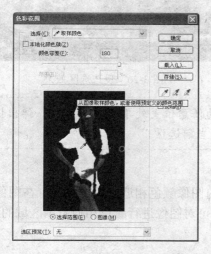

图 3-23 设置色彩范围　　　　　　　图 3-24 选取区域

提示 运用"色彩范围"命令选取图像时，在"色彩范围"对话框中将吸管工具移到对话框外的图像上，当鼠标指针呈吸管形状时在图形上单击也可吸取颜色。

3.3 调整选区

初次创建的选区可能达不到要求，此时，用户可以根据实际需要对选区的位置、大小和形状等进行修改。

3.3.1 选择选区

1．全部选择

如果要直接选择当前图像文件中的所有对象，可以执行"选择→全部"命令，或者按【Ctrl+A】快捷键。

2．反向选择

"反向"命令用于选择已选区域以外的区域。方法是在图像中创建一个选区，然后执行"选择→反向"命令，或者按【Shift+Ctrl+I】快捷键，选择反向区域。

Step 01 选取工具箱中的"魔棒工具"，在图像窗口中创建一个区域选区，如图 3-25 所示。

Step 02 执行"选择→反向"命令，此时系统将创建的选区与非选区之间进行了转换，得到了新选区，如图 3-26 所示。

图 3-25 创建选区　　　　　　　　　图 3-26 反选选区效果

> **提示** 运用选区工具创建了选区后，在图像窗口的任意位置处单击鼠标右键，弹出快捷菜单，选择"选择反向"命令，可以快速地反选当前选区。

3．选取相似

"选取相似"命令主要用于选择与当前选区内图像颜色相近的图像范围。在图像中创建一个选区后，执行"选择→选取相似"命令，即可对图像进行颜色相似范围区域的选取。

3.3.2 取消选区

创建选区后，当不需要选择区域时，可以执行"选择→取消选择"命令，或者按【Ctrl+D】快捷键取消选区。

3.3.3 修改选区

执行"选择→修改"命令，在"修改"子菜单中有5个二级菜单命令，其功能如下。

- "边界"命令：对当前选区外增加一个边形成一个环形的选区，选区间的间距可以通过弹出的"边界选区"对话框进行设置。

- "平滑"命令：对当前选区的拐角处进行倒圆角处理，使其变得平滑，平滑度可以通过弹出的"平滑选区"对话框进行设置。

- "扩展"命令：从当前选区的中心向外扩大选区范围，增加的扩大范围可通过弹出的"扩展选区"对话框进行设置。

- "收缩"命令：向当前选区的中心收缩选区范围，收缩的范围可通过弹出的"收缩选区"对话框进行设置。

- "羽化"命令：对选区边缘柔和处理，羽化值越大；柔和程度越大；羽化值越小，柔和程度越小。

选区修改的效果如图3-27所示。

图 3-27 修改选区效果

3.3.4 变换选区

"变换选区"命令可对选区进行任意变形操作，以及改变选区的大小和形状。具体的操作步骤如下。

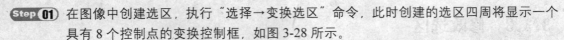
Step 01 在图像中创建选区，执行"选择→变换选区"命令，此时创建的选区四周将显示一个
具有 8 个控制点的变换控制框，如图 3-28 所示。

Step 02 将鼠标置于变换控制框的控制点处，拖曳鼠标，调整变换控制框的形状，如图 3-29
所示。

Step 03 单击工具选项栏中的"进行变换"按钮 ✓，此时的选区效果如图 3-30 所示。

 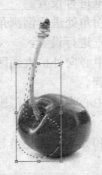 

图 3-28　变换框　　　　　　图 3-29　调整变换框　　　　　　图 3-30　完成变换

3.3.5　存储选区

使用 Photoshop 处理图像时，可以将创建的选区进行保存，以便于以后的操作运用。
当需要时还可以载入之前存储的选区以方便操作，具体操作方法如下。

Step 01 使用选区工具或相应的菜单命令在图像窗口中创建选区，执行"选择→存储选区"命
令，弹出"存储选区"对话框，如图 3-31
所示。

该对话框中主要选项的含义分别如下。

* 文档：用于设置存储选区的文档。
* 通道：用于设置存储选区的目标通道。
* 名称：用于设置新建 Alpha 通道的名称。
* 操作：用于设置存储的选区与原通道中选
区的运算操作。

图 3-31　"存储选区"对话框

Step 02 在"存储选区"对话框中，根据需要设置好相应的选项后，单击"确定"按钮，即可
存储当前的选区。

3.3.6　载入选区

对创建的选区执行完存储选区操作后，此时可在图像窗口中随时载入存储的选区。
载入选区的操作方法有两种，分别如下。

方法 1：执行"选择→载入选区"命令。
方法 2：选取工具箱中的选区工具，在图像窗口中单击鼠标右键，在弹出的快捷菜单
中选择"载入选区"命令。

执行以上操作，都将弹出"载入选区"对话框，如图3-32所示。

该对话框中主要选项的含义分别如下。

- 文档：用于选择存储选区的文档。
- 通道：用于选择存储选区的通道。
- 反相：选中该复选框，可将通道中存储的选区反向选择。
- 操作：用于选择载入的选区与图像中当前选区的运算方式。如果在载入选区前

图 3-32   "载入选区"对话框

当前图像中没有任何选区，则仅有"新建选区"单选按钮有效。

3.4 设置使用颜色

在图像处理中，经常需要对图像进行颜色设置。下面学习在 Photoshop CS5 中如何选择与设置颜色。

3.4.1 认识前景色与背景色

在设置颜色前，需要先了解一下前景色和背景色，因为在 Photoshop 中所有要被用到图像中的颜色都会在前景色或者背景色中表现出来。用户可以使用前景色来绘画、填充和描边，使用背景色来生产渐变填充和在空白区域中填充。此外，在应用一些具有特殊效果的滤镜时也会用到前景色和背景色。设置前景色和背景色的地方位于工具箱下方的两个色块，默认情况下前景色为"黑色"，而背景色为"白色"，如图3-33所示。

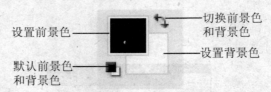

图 3-33   前景色和背景色色块

- 设置前景色：该色块中显示的是当前所使用的前景颜色。单击该色块，即可弹出"拾色器（前景色）"对话框，在其中可对前景色进行设置。
- 设置背景色：该色块中显示的是当前所使用的背景颜色。单击该色块，即可弹出"拾色器（背景色）"对话框，在其中可对背景色进行设置。
- 默认前景色和背景色：单击此按钮，即可将当前前景色和背景色调整到默认的前景色和背景色效果状态。
- 切换前景色和背景色：单击此按钮，可使前景色和背景色互换。

3.4.2 使用"拾色器"窗口设置颜色

通过工具箱中的前景色和背景色色块，打开相应的拾色器对话框，可以定义当前前景色或背景色的颜色。下面介绍通过"拾色器（前景色）"对话框来设置前景颜色。

Step 01 单击工具箱中的"前景色"图标■，弹出"拾色器（前景色）"对话框，如图 3-34 所示。

Step 02 在对话框中拖动色相条上的三角形滑块，选择合适的色相；从左侧的颜色库中选择颜色，单击"确定"按钮，如图 3-35 所示。

图 3-34 "拾色器（前景色）"对话框

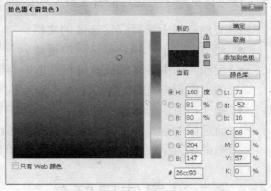

图 3-35 设置颜色

3.4.3 使用"颜色"面板设置颜色

执行"窗口→颜色"命令，或者按【F6】键，就可将"颜色"面板显示出来。当需要设置前景色时，先单击"设置前景色"按钮，然后拖动三角形滑块或者在数值框中输入数字设置颜色，也可以在下面的条形色谱上单击来选择颜色。另外，单击右上角的■■按钮，在下拉菜单中还可以选择多种色彩模式和色谱，如图 3-36 和图 3-37 所示。

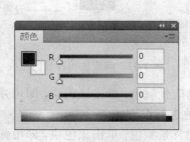

图 3-36 "颜色"面板

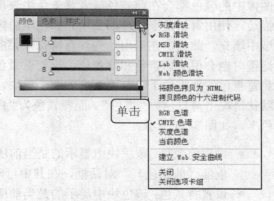

图 3-37 下拉菜单

3.4.4 使用"色板"面板设置颜色

使用"色板"面板可以快速选择前景色和背景色。该面板中的颜色都是系统预设好的，可以直接选取使用。另外，使用"色板"面板，也可以保存用户自定义的颜色，或将"色板"面板中的所有颜色保存为一个文件，这样方便在工作中反复调用。下面介绍具体的操作方法。

Step 01 执行"窗口→色板"命令，显示"色板"面板，如图 3-38 所示。

Step 02 移动鼠标至面板的色块中，此时鼠标指针呈 形状，单击鼠标即可选择该处色块的颜色，如图 3-39 所示。

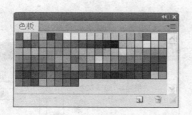

图 3-38 "色板" 面板

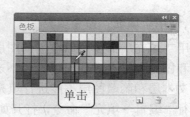

图 3-39 吸取颜色

3.4.5 使用"吸管工具"设置颜色

使用工具箱中的"吸管工具" ![](可以从当前图像上进行取样,同时将取样的色样重新定义前景色和背景色,下面介绍具体的操作方法。

Step 01 单击工具箱中的"吸管工具",在工具选项栏中,单击"取样大小"选项右侧的下拉按钮,在弹出的下拉列表中选择合适的取样大小,如图 3-40 所示。

Step 02 移动鼠标至图像窗口,此时鼠标指针呈 ![] 形状,在需要取样的颜色像素处单击鼠标,此时工具箱中的前景色就替换为吸管取样处的颜色,如图 3-41 所示。

图 3-40 选取工具

图 3-41 吸取颜色

> **注意** 使用"吸管工具"在图像上选择色彩时,单击鼠标提取的色彩为前景色,按住【Alt】键单击鼠标提取的色彩则为背景色。

3.5 颜色填充和选区描边

"填充"命令可以为目标区域填充颜色和图案,"描边"命令可以通过选择的绘图工具自动为选区描边,下面将分别进行讲述。

3.5.1 填充颜色

建立选区后可以在其中进行颜色或图像的填充,具体方法有使用"填充"命令、"渐变工具"和"油漆桶工具"3 种。

1. 使用"填充"命令填充

使用"填充"命令可以在当前图层或选区内填充颜色和图案，填充时还可以设置不透明度和混合模式，文本层和隐藏图层不能进行填充。

执行"编辑→填充"命令，打开如图3-42所示的"填充"对话框，其中各选项的作用如下。

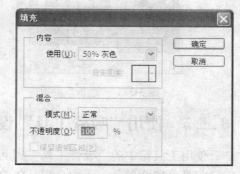

图 3-42 "填充"对话框

- 使用：在该下拉列表中可以选择填充时所使用的对象，包括"前景色"、"背景色"、"内容识别"、"图案"、"历史记录"、"黑色"、"50%灰色"和"白色"等选项，选择相应的选项即可使用相应的颜色或图案进行填充。

- 自定图案：当在"使用"下拉列表中选择了"图案"选项后，将激活该下拉列表框，可在其中选择所需的图案样式进行填充。

- 模式：在该下拉列表中可以选择填充的混合模式。

- 不透明度：用于设置填充内容的不透明度。

- 保留透明区域：选中该复选框后，进行填充时将不影响图层中的透明区域。

颜色填充方法具体如下。

Step 01 选择工具箱中的"魔棒工具"，在图像窗口中选择需要填充的区域，设置前景色参数为（R348、G172、B61），如图3-43所示。

Step 02 执行"编辑→填充"命令，设置"使用"内容为"前景色"，"模式"为"正常"，"不透明度"为100%，然后单击"确定"按钮，效果如图3-44所示。

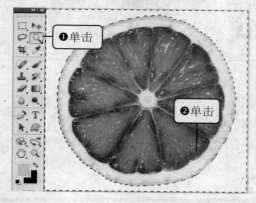

图 3-43 选择区域

图 3-44 填充颜色

2. 使用"油漆桶工具"填充

设置好前景色或背景色后，在工具箱中选择"油漆桶工具" ，将"油漆桶工具"放置到选区中，然后单击鼠标左键即可用前景色填充选区。

3. 使用快捷键填充

设置好前景色或背景色后，直接按【Alt+Delete】快捷键，或者【Alt+Backspace】快捷键，可用前景色填充选区；直接按【Ctrl+Delete】快捷键，或者【Ctrl+Backspace】快捷键，可用背景色填充选区。

3.5.2 "描边"命令

使用"描边"命令可以为选区添加描边效果，描边颜色默认使用前景色，用户可以设置描边的宽度和颜色，选择描边的位置，同时还可以设置描边颜色与原始图像的混合方式和不透明度。使用"描边"命令为选区描边的具体操作步骤如下。

Step 01 使用"魔棒工具"在图像中白色背景处，单击鼠标左键创建选区，按【Ctrl+Shift+I】快捷键反向选区，如图 3-45 所示。

Step 02 执行"编辑→描边"命令，弹出"描边"对话框，设置描边"宽度"为 10px，完成设置后单击"确定"按钮，如图 3-46 所示。

图 3-45 创建描边选区

图 3-46 选区描边效果

3.6 上机实训——制作拼贴效果

实例说明

拼贴是一种艺术效果，本节主要讲解如何使用选区工具打造出错位、层次丰富的拼贴艺术效果，如图 3-47 所示。

原图

效果图

图 3-47 拼贴效果

📖 学习目标

　　通过对本例的学习，主要让用户进一步理解图像处理中选区的作用，学会 Photoshop 中选区的综合创建方法，掌握对选区的编辑与描边操作。

原始文件：	素材文件\第 3 章\3-01.jpg
结果文件：	结果文件\第 3 章\3-01.jpg
同步视频文件：	同步教学文件\第 3 章\3.6 上机实训——制作拼贴效果.mp4

　　本实例具体操作步骤如下。

Step 01 打开素材文件"3-01.jpg"，原图像效果如图 3-48 所示。

Step 02 选择工具箱中的"矩形选框工具"，在图像中菊花区域内创建选区，如图 3-49 所示。

图 3-48　原图像效果　　　　　　　　　　　　图 3-49　选取区域

Step 03 将鼠标指向选区内单击右键，弹出快捷菜单中选择"描边"命令，如图 3-50 所示。

Step 04 弹出"描边"对话框，单击颜色色块设置描边颜色为"白色"，输入描边宽度参数值为 20，单击"确定"按钮关闭对话框，如图 3-51 所示。

 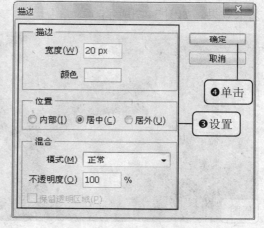

图 3-50　选择"描边"命令　　　　　　　　　图 3-51　"描边"对话框

Step 05 通过上一步的操作，描边后的效果如图 3-52 所示。

Step 06 按【Ctrl+T】快捷键对图像进行自由变换，调整图像位置和大小，如图 3-53 所示。

图 3-52　描边效果

图 3-53　拖动旋转选区

Step 07 按【Enter】键确定变换，按【Ctrl+D】快捷键取消选择，效果如图 3-54 所示。

Step 08 依次将图像中其他区域进行相同的处理，处理后效果如图 3-55 所示。

图 3-54　自由变换效果

图 3-55　拼贴效果

3.7 本章小结

　　本章主要介绍了选区在 Photoshop CS5 中的基础作用和创建方法，其中选区的创建包括规则选区工具和不规则选区工具的各种使用技巧；选区的编辑包括选区的添加、选区的减去、选区的交叉、选区的存储和对选区的颜色填充等知识。通过对本章内容的学习，主要让读者了解和掌握选区的有效创建及编辑方法。

3.8 本章习题

1. 选择题

（1）下列不属于规则选框工具的是：（　　　　）

A. 矩形选框　　　　　　　　　　B. 椭圆形选框

C. 多边形套索　　　　　　　　　D. 磁性套

（2）下列哪个工具是按颜色创建选区的？（　　　）

    A．套索工具　　　　　　　　B．单行选框工具

    C．魔棒工具　　　　　　　　D．磁性套索

（3）下列哪个选区修改命令可以产生双选区？（　　　）

    A．边界　　　　　B．扩展　　　　　　　C．收缩　　　　　D．平滑

（4）以鼠标光标的起点为中心创建选区，按（　　　）快捷键。

    A．Shift　　　　B．Ctrl　　　　　　　C．Alt　　　　　D．Backspace

（5）使用"矩形选框工具"创建选区时，按（　　　）快捷键可以约束选区为正方形。

    A．Shift　　　　B．Ctrl　　　　　　　C．Alt　　　　　D．Backspace

（6）使用以下哪个命令，可将新选区与旧选区重叠的区域减去，而仅保留减去后的旧选区区域？（　　　）

    A．存储和载入选区　　　　　B．与选区交叉

    C．从选区减去　　　　　　　D．添加到选区

2．填空题

（1）在创建选区时，按右方括号键【]】可将磁性套索边缘宽度增大_____像素；按左方括号键【[】可将宽度减小_____像素。

（2）"矩形选框工具" □、"椭圆选框工具" ○、"单行选框工具" ═、"单列选框工具" ▮ 这 4 个选区创建工具属于_____选框工具。

（3）执行"选择→全部"命令或按快捷键_____可以将整个画布选中。

（4）在新选区下，按键盘上的快捷键_____可以切换到添加到选区状态。

（5）反向选区，除了执行"选择→反向"命令外，还可按快捷键_____来完成。

（6）在 Photoshop 程序中，按_____键，即可恢复系统默认的前景色和背景色；按_____键，则可在前景色与背景色之间相互切换。

3．上机操作

打开素材文件"3-02.psd"，如图 3-56 所示。利用选区创建功能及编辑选区知识，给图像制作竖条状背景，效果如图 3-57 所示。

图 3-56　素材文件　　　　　　　　　　　图 3-57　竖条背景效果

第4章

图像修饰与绘画

Photoshop CS5 具有强大的图像修复与修饰功能。灵活使用相关的图像处理工具，可以使原本普通的图像变得生动，并且可以将图像中的污点、瑕疵进行修复，使其变得更完美。

本章知识点

- ◎ 移动与裁剪图像
- ◎ 绘制图像
- ◎ 修饰图像
- ◎ 擦除图像
- ◎ 编辑图像像素
- ◎ 历史记录画笔工具
- ◎ 填充图像

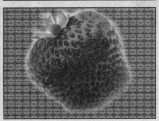

4.1 移动与裁剪图像

移动与裁剪图像操作是初学者必须掌握的基本技能，特别是移动工具的使用，在图像处理中经常用到。

4.1.1 移动工具

"移动工具" ▶⊕主要用于移动选择区域中的图像，或者复制图像。当选择图像中的某部分区域后，选择工具箱中的"移动工具"，指向选区内按住鼠标左键不放拖动鼠标，即可移动该选区内的图像，如图 4-1 所示。

❶单击　　❷拖动

图 4-1　移动选区内的图像

　在"移动工具"状态下，按键盘上的方向键可以移动选区中的图像，同时按住【Shift】键可平行移动图像。

4.1.2 裁剪工具

"裁剪工具" ‍⊠主要用于将图像窗口中不需要的部分图像裁剪掉。使用"裁剪工具"裁剪图像的操作步骤如下。

Step 01 选择工具箱中的"裁剪工具"，然后将鼠标指针指向图像窗口中，按住鼠标左键不放，任意拖动出一个裁剪框，具体操作如图 4-2 所示。

Step 02 根据编辑需要，可以移动剪裁框位置，并且可以通过四周的 8 个控制点放大或缩小裁剪范围，修改好后按【Enter】键完成裁剪。最终完成图像的效果如图 4-3 所示。

提示　按住【Shift+Alt】快捷键可裁剪出正方形区域，按【Esc】键即可退出裁剪。

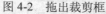

图 4-2　拖出裁剪框

图 4-3　裁剪后的图像

4.2 绘制图像

绘画工具主要包括"画笔工具" ✏️、"铅笔工具" ✏️ 和"颜色替换工具" 🖌️，这 3 种工具主要用于绘制图案及更改颜色。

4.2.1 画笔工具

画笔工具与生活中经常使用的毛笔功能相似，其应用范围非常广泛，是学习其他图像绘画类工具的基础。在选项栏中可以设置画笔直径、画笔模式、画笔流量等参数，制作出各种尺寸和效果的画笔工具。单击工具箱中的"画笔工具"，工具选项栏中的常用参数属性如图 4-4 所示。

图 4-4　"画笔工具"选项栏

① 画笔预设选取器：单击"画笔预设"按钮，在弹出的下拉菜单中可以根据画笔的大小、硬度和样式的参数进行设置。画笔直径是对画笔大小的设置；画笔的硬度是用于控制画笔在绘画中的柔软程度，数值越大，画笔越清晰；画笔的样式是对画笔形状的设置。

② 画笔面板的切换：单击"切换画笔面板"按钮，可以打开"画笔"面板。画笔的设置除了可以在选项栏上进行设置外，还可以通过画笔浮动面板进行更丰富的设置。

③ 画笔模式的设置：选择不同的画笔模式可以创作出不同的绘画效果。画笔的模式需要先设置好，再进行绘画才会显示效果。

④ 画笔不透明度和流量的设置：画笔工具的不透明度用于设置画笔工具在画面中绘制出透明的效果；流量用于设置绘制图像颜料溢出的多少，设置的数值越大，绘制的图像效果越明显。

1. 设置画笔大小和颜色

要设置画笔的大小,可以在参数设置面板中的"大小"数值框中输入需要的直径大小,单位是"像素",即可设置画笔大小,也可直接拖动"大小"下面的滑块设置画笔大小。画笔的颜色是由前景色决定的,所以在使用画笔时应先设置好所需要的前景色。

可单击其选项栏中的·按钮,打开参数设置面板,如图4-5所示。

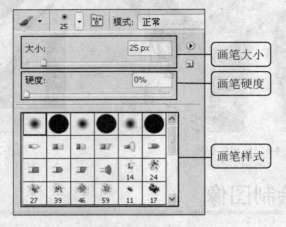

图 4-5 画笔参数设置面板

> **提示**　可以按键盘上的【]】键将画笔直径快速变大,按【[】键将画笔直径快速变小。

2. 设置画笔的硬度

画笔的硬度是用于控制画笔在绘画中的柔软程度。其设置方法和画笔大小一样,只是单位为百分比,当画笔的硬度小于100%时,则表示画笔有不同程度的柔软效果;当画笔的硬度为100%时,则画笔绘制出的效果边缘就非常清晰。

3. 设置画笔的不透明度和流量

画笔不透明度和流量的设置主要是在选项栏中完成的。在相应的文本框中输入数值后,可以应用"画笔工具"在图像中绘制出透明的效果;"流量"用于设置绘制图像时颜料的多少,设置的数值越小,则绘制的图像效果越不明显。

4. 设置画笔的样式

画笔的默认样式为圆形,在参数设置面板最下面的画笔列表框中单击所需的画笔样式,即可设置为选择的画笔样式。在画笔样式列表框中,如果样式不够用,还可以通过以下步骤添加需要的画笔样式。

Step 01 单击画笔选项栏中的·按钮,打开参数设置面板,单击参数设置面板右上角的 ▶ 按钮,在弹出的下拉菜单中选择需要添加的画笔样式,如"混合画笔",如图4-6所示。

Step 02 在弹出的对话框中,单击"追加"按钮,如图4-7所示。

Step 03 添加画笔样式后的画笔列表框,如图4-8所示。

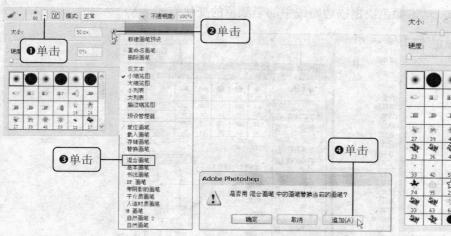 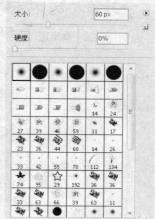

图 4-6　选择画笔样式　　　　图 4-7　选择添加的方式　　　　图 4-8　添加后的效果

Step **04** 画笔样式为"雪花"时的绘画效果，如图 4-9 所示。

图 4-9　"雪花"画笔样式

> 注意 单击"确定"按钮表示选择的画笔将替换画笔样式面板中原有的画笔样式；单击"取消"按钮表示不添加画笔样式；单击"追加"按钮表示选择的画笔将添加到"画笔"面板中原有的画笔样式后面。

5. 使用"画笔"面板

画笔除了可以在选项栏中进行设置外，还可以通过"画笔"浮动面板进行更丰富的设置。执行"窗口→画笔"菜单命令，或者按【F5】键，就可以调出"画笔"面板，如图 4-10 所示。

其主要设置选项的含义如下。

- 形状动态：用于设置画笔图案变动的方式，以及相关的控制选项。
- 散布：用于设置画笔中图案散布情况，并设置中间间隔图案的数量。
- 纹理：用于为画笔添加不规则的图案，并设置图案之间凸显的程度。
- 双重画笔：双重画笔使用两个笔尖创建画笔的笔迹。在"画笔"面板的"画笔笔尖形状"部分可以设置主要笔尖的选项；"双重画笔"部分可以设置次要笔尖的选项。

● 颜色动态：动态颜色决定描边路线中油彩颜色的变化方式。

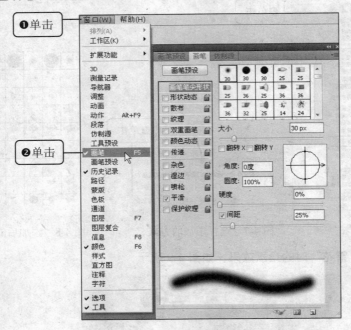

图 4-10　打开的"画笔"面板

4.2.2　铅笔工具

　　"铅笔工具"画出的线条是硬的、有棱角的，其操作和设置方法与"画笔工具"几乎相同。"铅笔工具"选项栏与"画笔工具"选项栏也基本相同，只是多了个"自动抹除"设置项。"自动抹除"项是"铅笔工具"特有的功能。勾选该复选框后，当图像的颜色与前景色相同时，则"铅笔工具"会自动抹除前景色而填入背景颜色；当图像的颜色与背景色相同时，则"铅笔工具"会自动抹除背景色而填入前景色；在工具箱中选择"铅笔工具"后，其选项栏如图 4-11 所示。

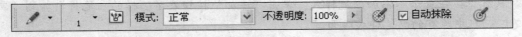

图 4-11　"铅笔工具"选项栏

　选取"铅笔工具"后，按住【Shift】键不放拖动鼠标即可绘制出直线。

4.2.3　颜色替换工具

　　"颜色替换工具" 是用设置好的前景色来替换图像中的颜色，它在不同的颜色模式下所产生的最终颜色也不同。

　　1．"颜色替换工具"的选项栏

　　单击工具箱中的"颜色替换工具"后，可以在其选项栏中查看与该工具相关的设置选项，如图 4-12 所示。

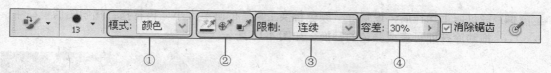

图 4-12 "颜色替换工具"选项栏

"颜色替换工具"选项栏中的各参数功能如下。

① 模式：包括"色相"、"饱和度"、"颜色"、"明度"这4种模式。常用的模式为"颜色"模式，这也是默认模式。

② 取样方式：取样方式包括"连续" ✍、"一次" 🖋、"背景色板" 🖌。其中"连续"是以鼠标当前位置的颜色为颜色基准；"一次"是始终以开始涂抹时的基准颜色为颜色基准；"背景色板"是以背景色为颜色基准进行替换。

③ 限制：设置替换颜色的方式，以工具涂抹时的第一次接触颜色为基准色。"限制"有3个选项，分别为"连续"、"不连续"和"查找边缘"。其中"连续"是指以涂抹过程中鼠标当前所在位置的颜色作为基准颜色来选择替换颜色的范围；"不连续"是指凡是鼠标移动到的地方都会被替换颜色；"查找边缘"主要是将色彩区域之间的边缘部分替换颜色。

④ 容差：用于设置颜色替换的容差范围。数值越大，则替换的颜色范围也越大。

2."颜色替换工具"的应用

使用"颜色替换工具"替换图像中的颜色，其具体操作步骤如下。

Step 01 打开素材文件"4-01.jpg"，选择工具箱中的"颜色替换工具"，并将选项栏中的"模式"设置为"颜色"，再单击"背景色板"按钮，容差值设置为30%，如图4-13所示。

Step 02 在工具箱中单击"背景色"按钮，打开"拾色器（背景色）"对话框，然后将指针指向图像区域，此时指针变成"吸管"样式，单击图像中要替换的颜色，单击"确定"按钮，如图4-14所示。

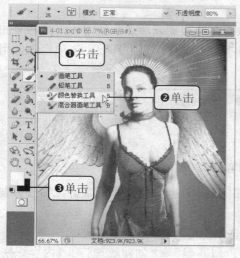

图 4-13 选择"颜色替换工具"

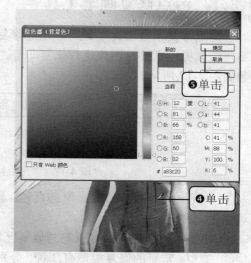

图 4-14 吸取需要替换部位的颜色

Step 03 单击"前景色"按钮，打开"拾色器（前景色）"对话框，设置颜色参数为（R255、G5、B200），如图4-15所示。

Step 04 经过以上操作后，设置好"颜色替换工具"的画笔大小，再将指针指向图像窗口中，拖动涂抹即可完成颜色的替换，如图4-16所示。

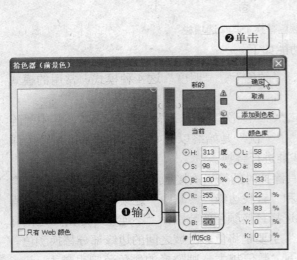

图 4-15　设置颜色参数　　　　　　　　图 4-16　替换颜色后的效果

4.3 修饰图像

使用修饰工具可以对数码照片进行后期处理，以弥补在拍摄时由于技术或其他原因导致的效果缺陷，辅助画笔工具对数码照片或绘制的图像进行相应的修补，从而获得更好的画面效果。

4.3.1　污点修复画笔工具

"污点修复画笔工具" 可以迅速修复图像存在的瑕疵或污点。使用该工具修复图像时不需要取样，直接对图像进行修复即可。选择"污点修复画笔工具"，选项栏中常用的参数如图4-17所示。

图 4-17　"污点修复画笔工具"选项栏

① 画笔：用于设置修复画笔的直径、硬度和间距。注意，所选画笔最好比需要修复的区域稍大一些。

② 模式：用于设置修复画笔与修复区域的混合模式。

③ 类型：常见的修复类型有3种，分别为"近似匹配"、"创建纹理"和"内容识别"。"近似匹配"的作用为将所涂抹的区域以周围的像素进行覆盖；"创建纹理"的作用为以其他的纹理进行覆盖；"内容识别"是由软件自动分析周围图像的特点，将图像进行拼接组合后填充在该区域并进行融合，从而达到快速、无缝的拼接效果。

④ 对所有图层取样：勾选该复选框，可从所有的可见图层中提取数据；取消选中该复选框，则只能从被选取的图层中提取数据。

"污点修复画笔工具"是入门级修复工具，修复图像时不需要进行像素取样，拖动鼠标在修复区域反复拖曳进行涂抹，直到污点消失。其具体操作步骤如下。

Step 01 打开素材文件"4-02.jpg"，选择工具箱中的"污点修复画笔工具"，设置画笔"大小"为 30px，如图 4-18 所示。

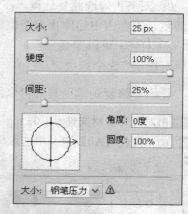

图 4-18　选择和设置"污点修复画笔工具"

Step 02 在污点处按住鼠标左键反复涂抹，如图 4-19 所示。

Step 03 根据污点范围与深浅不同，需要涂抹的次数也不同，修复完成后的图像效果如图 4-20 所示。

图 4-19　涂抹污点处　　　　　　　　　图 4-20　修复后的图像

4.3.2　修复画笔工具

"修复画笔工具" ✐ 在修饰小部分图像时会经常用到。使用"修复画笔工具"时，应先取样，然后将选取的图像填充到要修复的目标区域，使修复的区域和周围的图像相融合，还可以将所选择的图案应用到要修复的图像区域中。选择工具箱中的"修复画笔工具"，选项栏中常用的参数如图 4-21 所示。

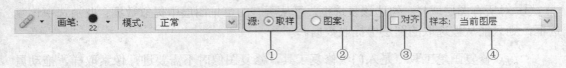

图 4-21 "修复画笔工具"选项栏

① 源：定义像素源点，按住【Alt】键在图像上单击即可。

② 图案：在"图案"下拉菜单中选择纹理图案，用纹理图案来修复图像。

③ 对齐：勾选此复选框，在修复过程中每次重新开始涂抹，都会自动对齐图像位置进行修复，不会因中途停止而错位修复。

④ 样本：可以定义当前修复的目标范围。目标包括"当前图层"、"当前和下方图层"、"所有图层"3 个选项。

使用"修复画笔工具"可以细致地对图像的细节部分进行修复，具体操作步骤如下。

Step 01 打开素材文件"4-03.jpg"，选择工具箱中的"修复画笔工具"，如图 4-22 所示。

Step 02 按住【Alt】键，单击取样的颜色，如图 4-23 所示。

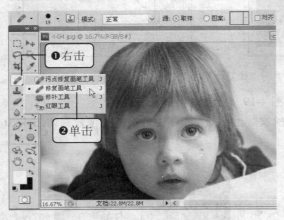

图 4-22 选择"修复画笔工具"

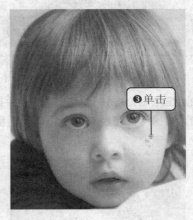

图 4-23 取样

Step 03 指向需要修复的位置，单击鼠标修复图像，如图 4-24 所示。修复完成后的图像如图 4-25 所示。

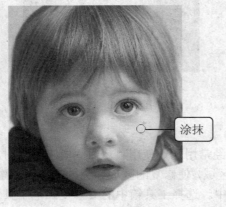

图 4-24 修复污点

图 4-25 修复完成效果

4.3.3 修补工具

"修补工具"使用选定区域像素替换修补区域像素，会将取样区域的纹理、光照和阴影与源点区域进行匹配，使替换区域与背景自然汇合。选择"修补工具"，选项栏中常用的参数如图 4-26 所示。

图 4-26　"修补工具"选项栏

① 修补：用于设置修复图像的源点区域，可选择"源"或"目标"。当选择"源"单选按钮时，用目标区域替代源点区域；当选择"目标"单选按钮时，用源点区域替代目标区域。

② 透明：勾选此复选框，可以自动匹配所修复图像的透明度。

③ 使用图案：应用图案对所选择的区域进行修复。

使用"修补工具"对图像进行操作步骤如下。

Step 01 打开素材文件"4-04.jpg"，选择工具箱中的"修补工具"，拖动鼠标在图像上创建选区，如图 4-27 所示。

Step 02 释放鼠标，选区自动闭合，拖动鼠标指针到选区内，鼠标指针变成🖑，如图 4-28 所示。

图 4-27　创建选区

图 4-28　闭合选区

Step 03 拖动鼠标，移动源区域到目标区域，如图 4-29 所示。

Step 04 释放鼠标后，完成图像修复，如图 4-30 所示。

图 4-29　移动选区

图 4-30　修复后的图像效果

4.3.4 红眼工具

"红眼工具"可以修正由于闪光灯原因造成的人物红眼、过暗或绿色反光。选择"红眼工具",选项栏中常用的参数如图4-31所示。

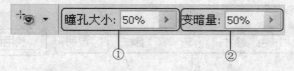

图4-31 "红眼工具"选项栏

① 瞳孔大小:用于设置红眼工具的作用范围,数值越大,作用范围就越大。
② 变暗量:用于设置瞳孔的明暗度,数值越大,瞳孔变暗的效果会越明显。

"红眼工具"的使用方法非常简单,具体操作步骤如下。

Step 01 打开素材文件"4-05.jpg",选择工具箱中的"红眼工具",在图像中按住鼠标左键拖动出一个矩形框选中红眼部分,如图4-32所示。

Step 02 释放鼠标左键,即可完成红眼的消除与修正,如图4-33所示。

图4-32 框选红眼

图4-33 修复后的红眼

4.3.5 仿制图章工具

利用"仿制图章工具" ，首先将图像区域中的某一点定义为取样点,然后像盖图章一样将取样点区域的图像像素复制到其他区域或另一个图像窗口中,十字线标记指着的为原始取样点。"仿制图章工具"多用于修复、掩盖图像中呈现点状分布的瑕疵区域。

选取"仿制图章工具",即可显示出相关的选项栏,如图4-34所示。"仿制图章工具"选项栏与"画笔工具"选项栏大体相同,只不过多了"对齐"和"样本"两个选项。

图4-34 "仿制图章工具"选项栏

① 对齐：勾选此复选框后，无论涂抹操作中断过几次，再次进行涂抹都可以使用最新的取样点保证复制图像的完整性。当"对齐"复选框处于取消选中状态时，两次进行涂抹时使用相同的样本像素。

② 样本：在"样本"下拉列表中可以选择取样的目标范围，分别基于"当前图层"、"当前和下方图层"、"所有图层"进行取样。

使用"仿制图章工具"修复图像的操作步骤如下。

Step 01 打开素材文件"4-06.jpg"，选择工具箱中的"仿制图章工具"，设置画笔大小为 100 像素，并在"模式"下拉列表中选择"正常"选项。将工具指向图像窗口中要采样的目标位置，按住【Alt】键，然后单击鼠标左键进行采样，如图 4-35 所示。

Step 02 采样完毕后释放【Alt】键，将指针指向图像中要修复的位置，单击鼠标左键进行涂抹即可逐步修复图像，如图 4-36 所示。

图 4-35　取样

图 4-36　仿制后的效果

4.3.6　图案图章工具

"图案图章工具" 🖈 的作用是将系统自带或者自定义的图案进行复制并填充到图像区域中。该工具与"仿制图章工具"的区别是，"仿制图章工具"主要复制的是图像本身的效果，而"图案图章工具"是将自带的图案或者自定义的图案复制到图像中。

在工具箱中选择"图案图章工具"后，其选项栏如图 4-37 所示。

图 4-37　"图案图章工具"选项栏

① 图案：单击"图案"按钮，打开"图案拾色器"面板，在该面板中可以选择不同的图案进行绘制。

② 印象派效果：勾选此复选框，复制的图像将产生朦胧或写意的印象派效果。

"图案图章工具"选项栏还包括"画笔"、"模式"、"不透明度"、"流量"、"对齐"和"设置"选项。这些选项与"画笔工具"的相同，用"图案图章工具"绘制图像的具体操作步骤如下。

Step 01 打开素材文件"4-07.jpg",选择工具箱中的"图案图章工具",通过选项栏设置好画笔大小,并选择图案混合模式,如选择"正常"选项,然后单击"图案"按钮,在弹出的图案列表中选择"扎染"图案,并设置好其他相关参数,如图 4-38 所示。

Step 02 将指针指向图像窗口中的选区内,按住鼠标左键进行拖动,即可将选择的图案填充到选区中,如图 4-39 所示。

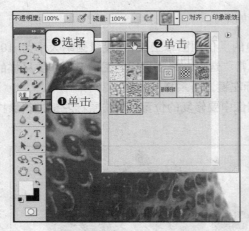

图 4-38 选择图案

图 4-39 拖动鼠标

Step 03 填充图案后的效果如图 4-40 所示。

图 4-40 填充图案

> **提示** 在使用"图案图章工具"填充图案时,可以先使用"选择工具"选择图像中要填充图案的区域,然后进行填充,这样可以在图像中进行局部图案的填充。

4.4 擦除图像

擦除图像的主要功能是擦除图像窗口中不需要的内容,共包含 3 种工具,分别为"橡皮擦工具"、"背景橡皮擦工具"和"魔术橡皮擦工具"。

4.4.1 橡皮擦工具

"橡皮擦工具"主要是用于擦除图像中的颜色，并在擦除的位置填充背景色。在工具箱中选择该工具后，其选项栏如图 4-41 所示。

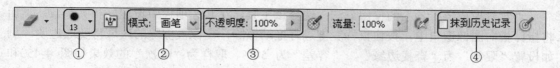

图 4-41 "橡皮擦工具"选项栏

① 画笔：用于设置"橡皮擦工具"直径的大小。

② 模式：用于设置擦除图像时的模式，分别有"画笔"、"铅笔"和"块"3 种选项。

③ 不透明度：用于设置擦除图像区域的不透明度。

④ 抹到历史记录：勾选该复选框时，"橡皮擦工具"就具有历史记录画笔的功能。

"橡皮擦工具"的使用方法：先选择该工具，在其选项栏设置好相关参数，然后将鼠标移向图像窗口中，按住左键进行拖动擦除即可，擦除前后的效果如图 4-42 和图 4-43 所示。

图 4-42 原图像效果

图 4-43 擦除后的效果

> **提示** 使用"橡皮擦工具"时，当作用于背景图层时，被擦除区域则以背景色填充；当作用于普通图层时，擦除区域则显示为透明。

4.4.2 背景橡皮擦工具

"背景橡皮擦工具"主要用于擦除图像的背景区域，被擦除的图像以透明效果进行显示，其擦除功能非常灵活。选择工具箱中的"背景橡皮擦工具"，其选项栏如图 4-44 所示。

图 4-44 "背景橡皮擦工具"选项栏

"背景橡皮擦工具"选项栏中相关参数的含义和作用如下。

① 取样：在取样框中可以进行"连续"、"一次"和"背景色板"的选择。

② 限制：用来设置擦除的方式，包括"不连续"、"连续"和"查找边缘"3 个选项。

③ 容差：擦除颜色时允许的范围。数值越低，则擦除的范围越接近取样色。大的容差值会把其他颜色擦成半透明。

④ 保护前景色：勾选该复选框后，前景色不会被擦除。

"背景橡皮擦工具"的使用方法：选择该工具，在其选项栏中设置好相关参数，然后将指针指向图像窗口中，按住鼠标左键进行拖动擦除，图像被擦除的区域将变成透明。例如设置"限制"为"查找边缘"、"容差"为 50%、取样为"一次"的效果如图 4-45 和图 4-46 所示。

图 4-45　原图像效果　　　　　　　　　图 4-46　擦除后的效果

4.4.3　魔术橡皮擦工具

"魔术橡皮擦工具"的作用和"魔棒工具"极为相似，可以自动擦除当前图层中与选区颜色相近的像素。该工具的使用方法是直接在要擦除的区域上单击，即可进行擦除。在工具箱中选择该工具后，其选项栏如图 4-47 所示。

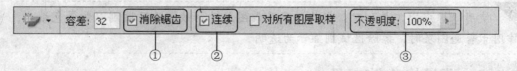

图 4-47　"魔术橡皮擦工具"选项栏

"魔术橡皮擦工具"选项栏中相关参数的含义和作用如下。

① 消除锯齿：勾选该复选框，可以使擦除边缘平滑。

② 连续：勾选该复选框后，擦除仅与单击处相邻的且在容差范围内的颜色；若不勾选该复选框，则擦除图像中所有符合容差范围内的颜色。

③ 不透明度：用于设置所要擦除图像区域的不透明度。数值越大，则图像被擦除得越彻底。

选取"魔术橡皮擦工具"，设置"容差"为 150，在背景处单击鼠标左键，背景色被擦除，效果如图 4-48 和图 4-49 所示。

图 4-48 原图像效果

图 4-49 擦除后的效果

4.5 编辑图像像素

使用工具箱中的"模糊工具"组和"减淡工具"组中的工具可以对图像中的像素进行编辑来更改其效果。

4.5.1 模糊工具

"模糊工具" ▲可以对图像的全部或局部进行模糊,降低像素之间的对比度,使图像变得柔和。选择"模糊工具",其选项栏如图 4-50 所示。

图 4-50 "模糊工具"选项栏

① 画笔:用于设置"模糊工具"的直径大小。

② 模式:用于设置图像模糊的方式,如变亮、变暗等。

③ 强度:用于设置模糊强度。硬度越大,则模糊效果就越明显。

选择"模糊工具",参数设置为默认值,在图像背景处反复涂抹,处理图像前后的效果如图 4-51 和图 4-52 所示。

图 4-51 原图

图 4-52 模糊后的图像

4.5.2 锐化工具

"锐化工具"是通过调整图像的清晰度来将画面中模糊的部分变得清晰,可以对图像的局部进行精细锐化，和"模糊工具"的作用刚刚相反。使用"锐化工具"在图像中需要锐化的区域拖动鼠标，即可完成锐化操作。

使用"锐化工具"处理图像前后的效果如图 4-53 和图 4-54 所示。

图 4-53　原图　　　　　　　　　　　　　　　　图 4-54　锐化后的效果

4.5.3　涂抹工具

"涂抹工具"可以将颜色抹开，好像是一幅图像的颜料未干而用手指进行涂抹，得到使颜色错位的效果。一般在图像颜色与颜色之间衔接不好时可以使用这个工具。选择"涂抹工具"，其选项栏如图 4-55 所示。

图 4-55　"涂抹工具"选项栏

① 强度：设置"强度"选项控制工具的作用范围，取值越大，涂抹效果越明显；取值越小，涂抹效果越不明显。

② 手指绘画：勾选该复选框，前景颜色会混合到涂抹出的效果中，当强度取值越大时，前景色所占的比例越大。反之，涂抹的是光标移动处的颜色。

选择"涂抹工具"，参数设置为默认值，在图像颜色之间衔接处进行涂抹，处理图像前后的效果如图 4-56 和图 4-57 所示。

图 4-56　原图　　　　　　　　　　　　　　　图 4-57　涂抹人物头发

4.5.4 减淡工具和加深工具

"减淡工具"和"加深工具"主要是用于使图像区域变亮或变暗。在工具箱中选择"减淡工具"后,其选项栏如图4-58所示。

图4-58 "减淡工具"选项栏

① 范围:用于定义减淡工具的作用范围,包括"阴影"、"中间调"、"高光"3个选项。选择"阴影"选项时,作用范围是图像暗部区域像素;选择"中间调"选项时,作用范围是图像的中间调范围像素;选择"高光"选项时,作用范围是图像亮部区域像素。

② 曝光度:用于设置提高颜色的亮度强度,取值越大,作用区域像素的亮度越高;取值越小,作用区域像素的亮度越低。

③ 保护色调:勾选此复选框时,图像的整体色调不会发生改变。

"加深工具"与"减淡工具"相反,主要是对图像进行变暗以达到图像颜色加深的目的,可以在选项栏中选择画笔的大小还设置加深的范围。

使用"减淡工具"和"加深工具"处理图像前后的效果如图4-59所示。

(a)原图　　　　　(b)减淡后的图像　　　　　(c)加深后的图像

图4-59 使用"减淡工具"和"加深工具"处理图像

4.5.5 海绵工具

"海绵工具"可以调整图像整体或局部的颜色饱和度。在"海绵工具"选项栏中可以设置"模式"、"流量"等参数来进行饱和度调整,其选项栏如图4-60所示。

图4-60 "海绵工具"选项栏

① 模式：其中包括"降低饱和度"与"饱和"两个选项，选择"降低饱和度"选项时，可降低目标区域的饱和度；选择"饱和"选项时，可增强目标区域的饱和度。

② 流量：用于设置海绵工具的作用强度。取值越大，效果越明显；取值越小，效果越不明显。

③ 自然饱和度：勾选此复选框，"海绵工具"在进行饱和度调整时，颜色会更自然。

使用"海绵工具"处理图像前后的效果如图 4-61 所示。

（a）原图　　　　　　（b）降低饱和度后的图像　　　　　（c）饱和后的图像

图 4-61　使用"海绵工具"处理图像

4.6 历史记录画笔工具组

"历史记录画笔工具"组包括"历史记录画笔"和"历史记录艺术画笔"两种工具，可以精确恢复画笔类工具绘画的历史步骤，"历史记录艺术画笔"可以创建绘画的艺术效果。

4.6.1 历史记录画笔工具

"历史记录画笔工具" 的主要作用是使图像恢复到最近保存或打开的原来面貌。如果对打开的图像进行编辑操作后没有保存，则使用该工具可以恢复到该图打开时的面貌；如果对图像保存后再继续操作，则使用该工具可恢复到保存后的面貌。

使用"历史记录画笔工具"恢复图像的操作方法如下。

Step 01 打开素材文件"4-08.jpg"，使用相关的绘图工具，如"画笔工具"，在图像上进行编辑与修改，如图 4-62 所示。

Step 02 选择工具箱中的"历史记录画笔工具"，通过选项栏设置好画笔大小，并选择混合模式，如选择"正常"选项，然后在图像上逐步进行涂抹，如图 4-63 所示。图像就逐步恢复到编辑前的样子，如图 4-64 所示。

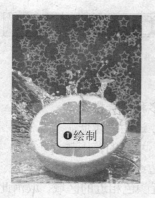

图 4-62　在原图像上进行编辑　　　图 4-63　进行涂抹恢复　　　图 4-64　图像恢复到打开状态

4.6.2　历史记录艺术画笔工具

　　"历史记录艺术画笔工具" 的使用方法与 "历史记录画笔工具" 一样，唯一不同的是 "历史记录艺术画笔工具" 在对图像涂抹后，形成一种特殊的艺术笔触效果。单击工具箱中的 "历史记录艺术画笔工具" 后，显示出该工具的选项栏，如图 4-65 所示。

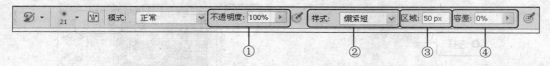

图 4-65　"历史记录艺术画笔工具" 选项栏

　　"历史记录艺术画笔工具" 选项栏中相关参数的含义和作用如下。

　　① 不透明度：控制应用 "历史记录艺术画笔工具" 在图中涂抹后的透明效果。
　　② 样式：用于设置 "历史记录艺术画笔工具" 的艺术样式。
　　③ 区域：用于设置 "历史记录艺术画笔工具" 的工作范围。
　　④ 容差：效果可覆盖的范围。容差越大，则覆盖的范围越小；容差越小，则覆盖范围越大。

4.7　填充图像

　　填充工具的主要作用是为图像填充颜色或者图案，该工具主要有两种，"渐变工具" 和 "油漆桶工具"，都是对图像选取区域或整个图案窗口进行颜色和图案的填充，但是填充方式不同。下面对这两种填充工具的使用方法进行介绍。

4.7.1　油漆桶工具

　　"油漆桶工具" 可以根据图像的颜色容差填充颜色或图案，是一种非常方便、快捷的填充工具。选择 "油漆桶工具" 后，选项栏常用的参数设置如图 4-66 所示。

　　① 填充内容：使用前景色填充或使用图案进行填充。
　　② 图案拾色器：当填充内容是图案时可用，可选择填充图案的不同样式。

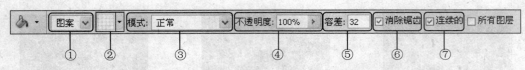

图 4-66　"油漆桶工具"选项栏

③ 模式：用于设置填充区域的颜色混合模式，其中包含多种混合模式。

④ 不透明度：用于设置颜色或图案的透明度。数值越大，透明度越低。

⑤ 容差：用于设置与单击处颜色相近的程度。容差越大，填充的范围越大。

⑥ 消除锯齿：选中"消除锯齿"复选框时，填充区域的边缘会更光滑。

⑦ 连续的：勾选此复选框时，只填充当前鼠标单击点附近颜色相近的区域。取消此复选框，填充整个图像中相似颜色的区域。

使用"油漆桶工具"给图像填充颜色或图案的操作步骤如下。

Step 01 打开素材文件"4-09.jpg"，用"选择工具"选择图像中需要填充的区域，如图 4-67 所示。

Step 02 在工具箱中选择"油漆桶工具"，在其选项栏中选择填充的内容，如"图案"，并选择具体的填充图案，然后设置好其他参数，如图 4-68 所示。

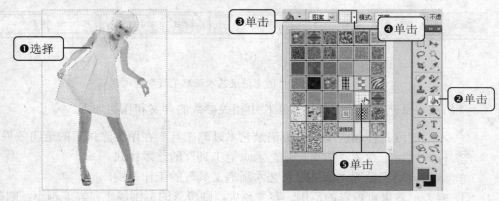

图 4-67　选择区域　　　　　　　　　　图 4-68　选择图案

Step 03 选择好后，将指针指向要填充的区域，单击鼠标即可填充，如图 4-69 所示。

Step 04 填充好后取消选区，效果如图 4-70 所示。

 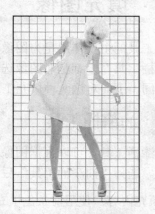

图 4-69　进行填充　　　　　　　　　　图 4-70　填充图案后的效果

4.7.2 渐变工具

"渐变工具" ■是一种特殊的填充工具，通过它可以填充几种渐变色组成的颜色。下面对"渐变工具"进行具体介绍。

1. 认识"渐变工具"

使用"渐变工具"可以用渐变效果填充图像或者选择区域，首先选择好渐变方式和渐变色彩，然后在图像中单击定义渐变起点，并拖动鼠标左键控制渐变效果，再次单击鼠标左键定义渐变终点，完成目标区域的渐变填充。选择工具箱中的"渐变工具"，选项栏中常用的参数设置如图 4-71 所示。

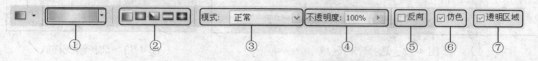

图 4-71 "渐变工具"选项栏

① 色彩编辑：选择和编辑渐变的色彩。单击色彩渐变条会弹出"渐变编辑器"对话框。在"渐变编辑器"对话框中可以设置不同的渐变色彩。

② 渐变方式：主要有以下 5 种渐变方式。

- 线性渐变：从起点到终点做线状渐变。
- 径向渐变：从起点到终点做放射状渐变。
- 角度渐变：从起点到终点做逆时针渐变。
- 对称渐变：从起点到终点做对称直线渐变。
- 菱形渐变：从起点到终点做菱形渐变。

③ 模式：进行渐变填充时的色彩混合方式。

④ 不透明度：用于设置渐变填充的透明程度，数值越大，渐变填充的透明度越低。

⑤ 反向：勾选"反向"复选框，渐变色的渐变方向会改变。

⑥ 仿色：勾选"仿色"复选框，渐变效果会更加平滑。

⑦ 透明区域：勾选"透明区域"复选框，可以保持渐变设置中的透明度。

使用"渐变工具"填充区域的具体操作步骤如下。

Step 01 打开素材文件"4-10.jpg"，用"选择工具"选择图像中需要填充渐变颜色的区域（如果不选择，则表示对整个图像窗口进行填充），例如，使用"魔棒工具"选择图像窗口中的白色区域，如图 4-72 所示。

Step 02 选择工具箱中的"渐变工具"，在其选项栏中单击 ■■■ 右侧的下三角按钮，再单击其下拉列表框右侧的 ▸ 按钮，在弹出的下拉列表中选择"蜡笔"样式，如图 4-73 所示。

Step 03 弹出确认对话框，单击"追加"按钮即可将渐变样式添加到下拉列表框中，选择渐变颜色为"黄色、粉红、紫色"、渐变方式为"线性渐变"，如图 4-74 所示。

Step 04 将鼠标指针指向图像窗口中，在左上角按住鼠标左键拖动到右下角，具体操作如图 4-75 所示。

Step 05 释放鼠标左键，即可为选择区域填充相应的渐变颜色，填充效果如图 4-76 所示。

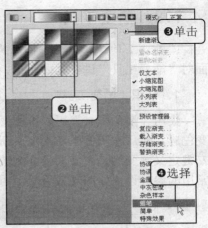

图 4-72　选择空白区域　　　　　　　　　图 4-73　选择渐变样式

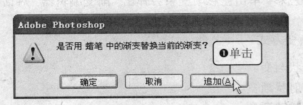

图 4-74　选择渐变模式

图 4-75　拖动鼠标　　　　　　　　　　　图 4-76　填充渐变颜色

> **提示**　选择"渐变工具"后，在图像窗口中按住鼠标左键不放进行绘制，则起始点到结束点之间会显示出一条提示直线，鼠标拖拉的方向决定填充后颜色倾斜的方向。另外，提示线的长短也会直接影响渐变色的最终效果。

2．渐变工具编辑器

对渐变颜色进行编辑就需要打开"渐变编辑器"对话框。

（1）载入渐变颜色

在该对话框中可以将设置的渐变颜色载入。单击"预设"栏右边的![button]按钮，弹出下拉菜单，选择所需要的渐变类型名称，即可将预设颜色载入，如图 4-77～图 4-79 所示。

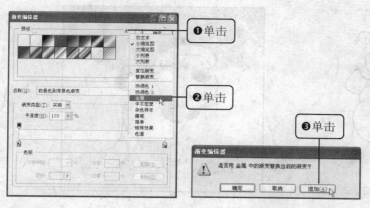

图 4-77 "渐变编辑器"对话框　　图 4-78 弹出的对话框　　图 4-79 添加后的效果

（2）自定义渐变颜色

　　除了可以在"渐变编辑器"对话框中载入预设的渐变颜色外，还可以自定义渐变的颜色。具体方法是在该对话框中渐变颜色条下面的空白位置处单击鼠标左键即可添加一个色标，然后在色标栏中单击"颜色"按钮，弹出"拾色器"对话框，在其中设置渐变颜色。还可以在渐变颜色条上添加渐变颜色的不透明度，如图 4-80～图 4-82 所示。

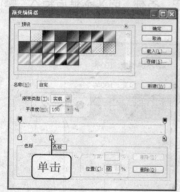

图 4-80 添加色标　　　　图 4-81 改变颜色　　　　图 4-82 不透明度

4.8 上机实训——为卡通人物上色

实例说明

　　本例的效果如图 4-83 所示。通过本章内容的学习，为了让读者能巩固本章知识点，以如何给手绘好了的卡通人物上色为例，讲解本章相关工具与技能的综合应用。

学习目标

　　本例主要讲解为卡通人物上色，使用"画笔工具"绘制色块，绘制物体的明暗部分，利用选区工具绘制图案，用渐变工具填充颜色，最后完成为卡通人物上色。主要让读者掌握相关工具的综合应用技能。

图 4-83　为卡通人物上色

原始文件：	素材文件\第 4 章\4-11.jpg
结果文件：	结果文件\第 4 章\4-01.psd
同步视频文件：	同步教学文件\第 4 章\4.8 上机实训——为卡通人物上色.mp4

Step 01 打开 Photoshop CS5，打开素材文件"4-11.jpg"，如图 4-84 所示。

Step 02 单击"图层"面板底部的"创建新图层"按钮，新建一个图层，选择新图层右击鼠标，选择"图层属性"命令，在弹出的"图层属性"对话框中"名称"的文本框后输入"帽子红色"，把图层重命名，如图 4-85 所示。

图 4-84　打开的图像文件　　　　　　　图 4-85　新建图层

Step 03 选中"背景"图层，选择工具箱中的"魔棒工具"，在"背景"图层帽子部分创建选区，如图 4-86 所示。

Step 04 选中"红色帽子"图层，把前景色设置为红色（R255、G0、B0），再按【Alt+Delete】快捷键填充颜色，如图 4-87 所示。

Step 05 选择工具箱中的"画笔工具"，把画笔大小设置为 40、硬度为 20，前景色为暗红色（R185、G0、B0），在帽子红色部分绘制暗部，其目的是为了让帽子看起来更立体、更有层次感，如图 4-88 所示。

Step 06 选择"背景"图层，用"魔棒工具"选择围巾部分，然后新建图层"围巾红色"，选择工具箱中的"画笔工具"，把画笔硬度设置为 100、前景色为红色（R245、G0、B0），在"红色围巾"图层绘制围巾的红色部分，如图 4-89 所示。

图 4-86　创建选区

图 4-87　填充颜色

图 4-88　绘制帽子暗部

图 4-89　绘制围巾红色部分

Step 07　与 **Step 05** 相同的方法，绘制围巾红色暗部，如图 4-90 所示。

Step 08　选择"背景"图层，使用工具箱中的"魔棒工具"选择帽子边缘、脸部、手臂、肚子、腿、围巾白色部分，然后新建图层"白色暗部"，如图 4-91 所示。

图 4-90　绘制围巾暗部

图 4-91　选择需要绘制暗部的部分

Step **09** 选择"白色暗部"图层，再选择工具箱中的"画笔工具"，画笔大小随着绘制不同地方而灵活缩放，设置硬度为 30、前景色为灰色（R225、G225、B225）在所选区域绘制暗部，如图 4-92 所示。

Step **10** 选择工具箱中的"魔棒工具"，选中鞋带子部分，新建图层"鞋带"，选择该图层，把前景色设置为蓝色（R90、G115、B185），再按【Alt+Delete】快捷键填充颜色，如图 4-93 所示。

图 4-92　绘制暗部

图 4-93　填充鞋带颜色

Step **11** 与 Step **10** 相同的方法，填充鞋子的颜色，把前景色设置为蓝色（R195、G230、B252），如图 4-94 所示。

Step **12** 选择工具箱中的"魔棒工具"，选择鞋子部分，选择"画笔工具"把前景色设置为深蓝色（R108、G154、B203），绘制鞋子的深色部分；把前景色设置为浅蓝色（R230、G245、B247），绘制鞋子的高光部分，如图 4-95 所示。

图 4-94　填充鞋子部分

图 4-95　绘制鞋子高光和暗部

Step **13** 新建图层"腮红"，选择工具箱中的"椭圆选框工具"，绘制选区于熊的腮红处，执行"选择→修改→羽化"命令，设置羽化值为 10、前景色为橘红色（R254、G217、B211），再按【Alt+Delete】快捷键填充颜色，利用工具箱中的"魔棒工具"选择舌头部分，再按【Alt+Delete】快捷键填充颜色，如图 4-96 所示。

Step 14 选择工具箱中的"魔棒工具"，再选择"背景"图层的白色背景，按【Delete】删除背景，如图 4-97 所示。

图 4-96 绘制腮红

图 4-97 删除白色背景

Step 15 选择工具箱中的"渐变工具"，编辑渐变颜色，把浅色部分设置为浅白色，深色部分设置为蓝色（R195、G231、B255），设置完成后，拖动鼠标填充颜色，如图 4-98 所示。

Step 16 新建图层"湖"，把图层置于"雪堆"图层上，选择工具箱中的"套索工具"绘制选区，如图 4-99 所示。

图 4-98 填充选区

图 4-99 绘制选区

Step 17 选择工具箱中的"渐变工具"，编辑渐变颜色，把浅色部分设置为浅蓝色（R200、G235、B255），深色部分设置为蓝色（R142、G216、B255），设置完成后，拖动鼠标填充颜色，如图 4-100 和图 4-101 所示。

Step 18 选择工具箱中的"画笔工具"，画笔大小随着绘制不同地方而灵活缩放，设置硬度为30、前景色为深蓝色（R102、G184、B236）绘制湖的暗部，如图 4-102 所示。

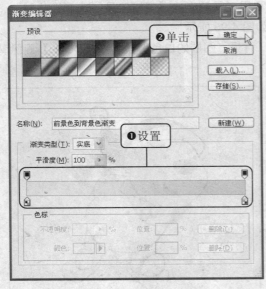

图 4-100 渐变编辑器

图 4-101 填充选区

Step 19 在"雪堆"图层上选择反选,把前景色设置为浅蓝色(R179、G228、B255)绘制雪堆的暗部,再把前景色设置为白色(R229、G246、B253)绘制雪的亮部,如图 4-103 所示。

图 4-102 绘制湖面暗部

图 4-103 绘制雪暗部和亮部

Step 20 新建图层"天空",把图层置于"雪堆"图层下,选择工具箱中的"渐变工具",编辑渐变颜色,把浅色部分设置为浅蓝色(R91、G186、B240),深色部分设置为蓝色(R57、G124、B215),设置完成后,拖动鼠标填充颜色,如图 4-104 所示。

Step 21 新建图层"雪花",把该图层放在最前端,选择工具箱中的"画笔工具",把画笔硬度设置为 50,画笔大小根据雪花大小调整,颜色分别设置为白色、浅蓝色(R187、G219、B255)和蓝色(R145、G194、B250),如图 4-105 所示。

图 4-104　填充天空颜色

图 4-105　绘制雪花

4.9　本章小结

　　本章主要讲解了图像的绘制与修饰方法。首先讲述了移动与裁剪图像操作，接着重点讲述了绘画工具的具体使用，然后讲述了与图像修饰相关工具的具体使用与操作，最后讲述了填充工具与图像变换等操作。其中绘画工具、修饰工具、渐变工具、填充与图像变换是本章学习的重点内容。

4.10　本章习题

1．选择题

　　（1）在"移动工具"状态下，按键盘上的方向键可以移动选区中的图像，同时按住（　　）键可平行移动图像。

A．Ctrl　　　　　　　　B．Shift　　　　　　　　C．Enter　　　　　　　　D．Tab

　　（2）在 Photoshop CS5 提供的图像修补工具中，通过（　　）工具可以快速消除人物照片中的红眼瑕疵。

A．　　　　　　　　B．　　　　　　　　C．　　　　　　　　D．

　　（3）使用（　　）工具可以对图像进行加色或者去色处理。

A．　　　　　　　　B．　　　　　　　　C．　　　　　　　　D．

2．填空题

　　（1）如果要调出"画笔"面板，可以选择"窗口"菜单中的____命令，或者按___键。

　　（2）在 Photoshop CS5 中，提供的图像修复工具有"污点修复画笔工具"、"_____画笔工具"、"修补工具"和"_____工具"。

（3）在 Photoshop CS5 的"变换"命令中，包含了一组对图像进行缩放、_____、斜切、扭曲、_____和变形等操作命令。

3．简答题

（1）图像像素处理工具包括哪些工具？

（2）图像变换的方法有哪些？

4．上机操作

（1）打开素材文件"4-12.jpg"，使用"修复工具"修复人物脸部的痣，如图 4-106 所示。

图 4-106　去除人物脸部的痣

（2）打开素材文件"04-13.jpg"，设置前景色为蓝色（R50、G170、B250），选择工具箱中的"颜色替换工具"，拖动鼠标在绿色的花上进行涂抹，涂抹前和涂抹后的效果如图 4-107 所示。

图 4-107　替换绿色花朵颜色

第5章

完全揭秘图层的应用

图层是 Photoshop CS5 的精髓功能之一，也是 Photoshop 软件的最大特色。使用图层功能，可以很方便地修改图像、简化图像编辑操作，使图像编辑更具有弹性。此外，还可以创建各种图层特效，从而制作出充满创意的平面设计作品。

本章知识点

◎ 认识图层

◎ 图层的基本操作

◎ 图层的混合模式和不透明度

◎ 图层样式的应用

◎ 创新与管理图层样式

5.1 认识图层

　图层在 Photoshop 中扮演着重要的角色。对图像进行绘制或编辑时，所有的操作都是基于图层的，就像人们写字必须写在纸上、画画时必须画在画布上一样。

5.1.1 图层的概念

　　图层这个概念来自动画制作领域。以前，人们为了减少不必要的工作量，动画制作人员使用透明纸来绘图，将动画中的变动部分和背景图分别画在不同的透明纸上，这样背景图就不必重复绘制了，需要时叠放在一起即可。

　　Photoshop 参照了使用透明纸进行绘图的思想，使用图层将图像分层。将每个图层理解为一张透明的纸，将图像的各部分绘制在不同的图层上。透过这层纸，可以看到纸后面的东西，而且无论在这层纸上如何涂画，都不会影响到其他图层中的图像。也就是说，每个图层可以进行独立的编辑或修改。Photoshop CS5 提供了多种图层混合模式和透明度的功能，可以将两个图层中的图像通过各种形式很好地融合在一起，从而产生许多特殊效果。

　　简单地说，图层可以看做是一张张独立的透明胶片，其中每一张胶片上都会绘制有图像的一部分内容，将所有胶片按顺序叠加起来观察，以便看到完整的图像。

5.1.2 "图层"面板

　　"图层"控制面板是进行图层编辑操作时必不可少的工具。"图层"面板显示了当前图像的图层信息，从中可以调节图层叠放顺序、图层透明度及图层混合模式等参数，几乎所有的图层操作都通过它来实现。执行"窗口→图层"命令，即可在工作区中显示"图层"面板。打开的"图层"面板，如图 5-1 所示。

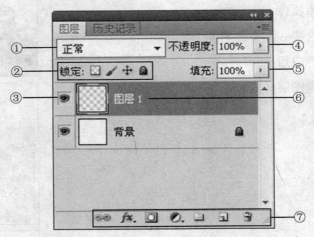

图 5-1　"图层"面板

该对话框中主要选项的含义分别如下。

① 混合模式：用于设置图层与图层之间的叠加方式及效果。

② 锁定：在该选项组中可以指定需要锁定的图层内容，其选项有"锁定透明像素"、"锁定图像像素"、"锁定位置"和"锁定全部"。

③ 眼睛图标：单击图层前面的眼睛图标，可以将图层隐藏或显示。

④ 不透明度：用于设置图层的不透明度效果。

⑤ 填充：用于设置所选择图层填充颜料的多少。

⑥ 图层名称：主要用于标识图层中所包含的内容，可以根据自己的需要进行命名。

⑦ 快捷图标：图层操作的常用快捷按钮，主要包括链接图层、图层样式、删除图层及新建图层等按钮。

5.1.3 图层的基本类型

在 Photoshop CS5 中可以创建各种类型的图层，如背景图层、文字图层和调整图层等。不同类型的图层，其功能及操作方法也各不相同，并且还可以进行相互转换。下面介绍图层的 9 种基本类型。

1."背景"图层

"背景"图层是一种不透明的图层，用于放置图像的背景，叠放于图层的最下方，不能对其应用任何类型的混合模式，如图 5-2 所示。

图 5-2 "背景"图层及效果

2.普通图层

普通图层是指用一般方法创建的图层，同时也是使用最多、应用最广泛的图层。几乎所有的 Photoshop 功能都可以在普通图层上得到应用。

3.文字图层

文字图层是一个比较特殊的图层，它是使用文字工具建立的图层。一旦在图像窗口中输入文字，"图层"面板将会自动产生一个文字图层，如图 5-3 所示。

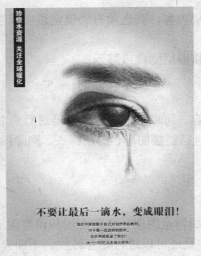

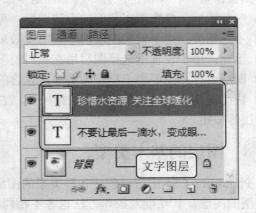

图 5-3　文字图层及效果

4. 蒙版图层

蒙版是图像合成的重要手段，图层蒙版中的颜色控制着图层相应位置图像的透明程度。在"图层"面板中，蒙版图层缩览图的右侧会显示一个黑白的蒙版图像，如图 5-4 所示。

图 5-4　蒙版图层及效果

5. 填充图层

填充图层可以在当前图层中填充一种颜色（如纯色、渐变）或图案，并结合图层蒙版的功能，产生一种遮盖的特殊效果。

6. 调整图层

调整图层是一种比较特殊的图层。这种类型的图层主要用于色调和色彩的调整。也就是说，Photoshop CS5 会将色调和色彩的设置，如色阶和曲线调整等功能变成一个调整图层，单独放置在文件中，可以随时修改其设置，但不会永久性地改变原始图层，从而保留了图像修改的弹性，如图 5-5 所示。

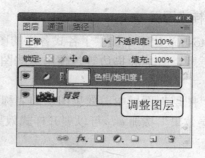

图 5-5　调整图层及效果

> **提示**　使用调整图层的图像不会修改图像中的像素，但调整图层会影响下面的所有图层。当需要调整一幅图像的色调或色彩时，可以通过调整单个图层来修改其下方的所有图层，而不是分别对每个图层进行调整。

7. 形状图层

形状图层是使用工具箱中的形状工具在图像窗口中创建图形后，"图层"面板自动建立的图层，如图 5-6 所示。图层缩览图的右侧为图层的矢量蒙版缩览图。

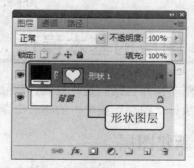

图 5-6　形状图层及效果

8. 链接图层

所谓链接图层，就是具有链接关系的图层。当对其中一个图层的图像执行变换操作时，将会影响到其他图层。在"图层"面板中，链接图层的名称后面将会显示链接图标，如图 5-7 所示。

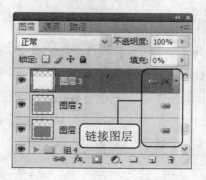

图 5-7　链接图层

9. 样式图层

Photoshop CS5 中提供了各式各样的图层样式效果，如投影、阴影、内发光、外发光、斜面与浮雕、叠加和描边等，使用这些图层样式可以迅速改变图层内容的外观，如图 5-8 所示。

在"图层"面板中，效果图层的名称后面将显示*fx*图标，单击图标右侧的"在面板中显示图层效果"按钮，可以展开样式效果。

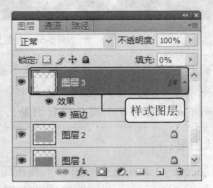

图 5-8　样式图层

5.2　图层的基本操作

图层的基本操作包括新建、复制、删除、合并图层，以及图层顺序调整等，这些操作都可以通过执行"图层"菜单中的相应命令或在"图层"面板中完成。

5.2.1　新建图层

新建的图层一般位于当前图层的最上方，采用正常模式和 100% 的不透明度，并且依照建立的次序命名，如图层 1、图层 2……使用下列任意一种方法均可创建新图层。

方法 1：单击"图层"面板下方的"创建新图层"按钮，即可在当前图层的上方创建新图层，如图 5-9 所示。

图 5-9　新建图层

方法 2：通过"图层"面板的下拉菜单的"新建图层"命令创建新图层。

方法3：通过文字工具自动生成新图层。

方法4：执行"图层→新建→图层"命令，可在弹出的"新建图层"对话框中进行图层名称、模式、不透明度等设置，如图5-10所示。

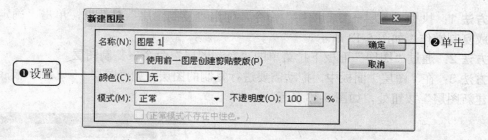

图5-10 "新建图层"对话框

方法5：在两个文件之间通过"拷贝"和"粘贴"命令来创建新图层。

方法6：选择"移动工具"拖动图像到另一个文件上创建新图层。

方法7：执行"图层→新建→背景图层"命令，将背景图层转换为新图层。

方法8：执行"图层→新建→通过拷贝的图层"命令或者"图层→新建→通过剪切的图层"命令将选取的图像粘贴到新图层。

5.2.2 选择图层

要对图层进行编辑操作，首先要学会如何正确选择图层。图层的选择方法一般有以下几种。

1. 在"图层"面板中单击选择

可直接用鼠标左键在"图层"控制面板中单击需要操作的图层，当控制面板中的图层以蓝色条显示时，即成为当前图层。在编辑操作中，一般不会影响当前层以外的其他图层对象。

2. 在图像窗口中用鼠标选择

在工具箱中选择"移动工具 ➤⊕"，然后在其选项栏中勾选"自动选择"复选框，然后单击后面的列表框，选择"图层"选项，操作如图5-11所示。

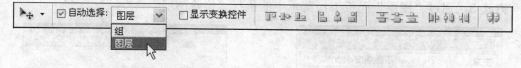

图5-11 选择图层

经过以上设置，在使用"移动工具"对图层进行选择时，会将当前位于鼠标下的内容图层自动选择为当前操作图层。这种方式在图层多且调换图层频率高时，非常方便、快捷。

> **提示** 在实际操作中，也可以将鼠标指针指向图像窗口中要选择图层的对象，然后单击右键，在快捷菜单中选择图层名称，即可设置为当前操作图层。

5.2.3 复制图层

复制图层可将选定的图层进行复制，得到一个与原图层相同的图层，具体方法如下。

方法 1：执行"图层→复制图层"命令，弹出"复制图层"对话框，单击"确定"按钮完成复制操作，如图 5-12 所示。

方法 2：通过"图层"面板下拉菜单的"复制图层"命令来复制图层。

方法 3：在"图层"面板中，拖动需要进行复制的图层（如"图层 1"）到面板底部的"创建新图层"按钮处，如图 5-13 所示。

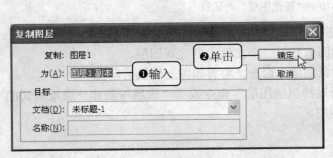

图 5-12 "复制图层"对话框   图 5-13 复制图层

> **提示** 在"图层"面板中选择需要复制的图层后，按【Ctrl+J】快捷键可以快速复制选择的图层。

5.2.4 删除图层

为了减小图像的存储大小，可以将已经失去利用价值的图层删除，具体删除方法如下。

方法 1：在"图层"面板中，拖动需要删除的图层（如"图层 1"）到面板底部的"删除图层"按钮处，如图 5-14 所示。通过以上操作，"图层 1"被删除，如图 5-15 所示。

方法 2：执行"图层→删除→图层"命令。

方法 3：通过"图层"面板下拉菜单中的执行"删除图层"命令。

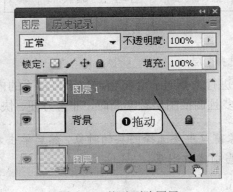

图 5-14 拖动删除图层

图 5-15 删除图层

提示 在"图层"面板中选定需要删除的图层，按【Delete】键可以快速删除该图层。

5.2.5 调整图层顺序

图像一般是由多个图层组成的，而图层的顺序直接影响到图像显示的效果。位于上面的图层只是遮盖其底下的图层，因此，在处理图像时应考虑到图层间的顺序关系。调整图层排列顺序的具体操作步骤如下。

Step 01 在"图层"面板中，拖动需要调整叠放顺序的图层（如"图层2"）至所需要的位置处，如"图层1"下方，如图5-16所示。

Step 02 通过以上的操作，"图层2"已被移至"图层1"的下方，如图5-17所示。

图5-16 拖动调顺序图层

图5-17 顺序调整

提示 在"图层"面板中选择需要调整叠放顺序的图层，按【Ctrl+[】快捷键，可以将其向下移动一层；按【Ctrl+]】快捷键，可以将其向上移动一层；按【Ctrl+Shift+]】快捷键，可将当前图层置为顶层；按【Ctrl+Shift+[】快捷键，可将其置于最底部。

注意 "背景"图层永远排列在其他图层的最下面，不能够改变它的排列顺序，同样，普通图层也不能够移至"背景"图层之下。

5.2.6 链接图层

对图层进行链接，可以很方便地移动多个图层的图像，同时对多个图层中的图像进行旋转、翻转、缩放和自由变换操作，以及对不相邻的图层进行合并。具体操作步骤如下。

Step 01 按住【Ctrl】键，在"图层"面板中选择需要链接的两个或两个以上图层，单击"图层"面板底部的"链接图层"按钮，如图5-18所示。

Step 02 通过上一步操作，完成选定图层的链接操作，链接的图层名称右侧将显示图标，如图5-19所示。

图 5-18　选择图层

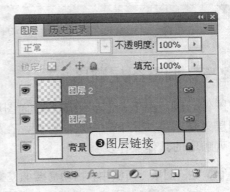

图 5-19　链接的图层

> **提示**　在"图层"面板中选择需要链接的图层，在图层位置处单击鼠标右键，在弹出的快捷菜单中执行"链接图层"命令，也可以对选定的图层进行链接。如果需要取消图层的链接，在选择图层后，再次单击"图层"面板底部的"链接图层"按钮 ⊜，即可取消图层间的链接关系。

5.2.7　锁定图层

图层被锁定后，将限制图层编辑的内容和范围，被锁定的内容将不会受到编辑图层中其他内容时的影响。"图层"面板的锁定组中提供了 4 个不同功能的锁定按钮，如图 5-20 所示。

图 5-20　图层锁定按钮

① 锁定透明像素：单击该按钮，则图层或图层组中的透明像素被锁定。当使用"绘制工具"绘图时，将只对图层非透明的区域（即有图像的像素部分）生效。

② 锁定图像像素：单击该按钮，可以将当前图层保护起来，使其不受任何填充、描边及其他绘图操作的影响。

③ 锁定位置：用于锁定图像的位置，使其不能对图层内的图像进行移动、旋转、翻转和自由变换等操作，但可以对图层内的图像进行填充、描边和其他绘图的操作。

④ 锁定全部：单击该按钮，图层全部被锁定，不能移动位置、不可执行任何图像编辑操作，也不能更改图层的不透明度和图像的混合模式。

5.2.8　对齐和分布

选择工具箱中的"选择工具"，在"图层"面板中将需要对齐的图层进行链接或选定（必须是两个或两个以上的图层），此时工具选项栏的右侧将显示了用于对齐和分布图层的按钮，如图 5-21 所示。

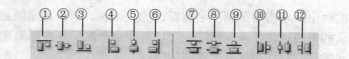

图 5-21　选项栏上的对齐/分布按钮

1．对齐图层对象

① 顶对齐：单击该按钮，所选图层对象将以位于最上方的对象为基准进行顶部对齐。

② 垂直居中对齐：单击该按钮，所选图层对象将以位置居中的对象为基准进行垂直居中对齐。

③ 底对齐：单击该按钮，所选图层对象将以位于最下方的对象为基准进行底部对齐。

④ 左对齐：单击该按钮，所选图层对象将以位于最左侧的对象为基准进行左对齐。

⑤ 水平居中对齐：单击该按钮，所选图层对象将以位于中间的对象为基准进行水平居中对齐。

⑥ 右对齐：单击该按钮，所选图层对象将以位于最右侧的对象为基准进行右对齐。

2．分布图层对象间距

⑦ 按顶分布：单击该按钮，可均匀分布各链接图层或所选择的多个图层的位置，使它们最上方的图像间相隔同样的距离。

⑧ 垂直居中分布：单击该按钮，可将所选图层对象间垂直方向的图像相隔同样的距离。

⑨ 按底分布：单击该按钮，可将所选图层对象间最下方的图像相隔同样的距离。

⑩ 按左分布：单击该按钮，可将所选图层对象间最左侧的图像相隔同样的距离。

⑪ 水平居中分布：单击该按钮，可将所选图层对象间水平方向的图像相隔同样的距离。

⑫ 按右分布：单击该按钮，可将所选图层对象间最右侧的图像相隔同样的距离。

5.2.9　隐藏与显示图层

通过"图层"面板，可以隐藏一个或多个图层对象。隐藏图层后，被隐藏的图层中的内容会受到保护，不会再处理其他图层内容时受到破坏，具体操作步骤如下。

Step 01 在"图层"面板中单击需要隐藏图层名称前面的"指示图层可见性"图标👁。

Step 02 通过上一步的操作，可以在图像文件中隐藏该图层中的图像，此时该"指示图层可见性"图标显示为▢，如图 5-22 所示。

图 5-22　隐藏图层

在"图层"面板中，单击隐藏图层名称前面的 ▢ 图标，再次显示隐藏的图层；若在单击某图层名称前面的 ◉ 图标时并纵向拖动，可以隐藏多个图层；在隐藏图层的 ▢ 图标上单击鼠标左键并纵向拖动，可以显示多个隐藏的图层。

> **提示**　按住【Alt】键，在"图层"面板中单击某图层名称前面的"指示图层可见性"图标，可以在图像文件中仅显示该图层中的图像；若再次按住【Alt】键单击该图标，则重新显示刚才隐藏的所有图层。

5.2.10　合并图层

在实际操作过程中，图层过多会影响系统运行速度，降低工作效率，文件也会很大，所以需要对不再编辑的图层进行合并操作。

1. 向下合并图层

向下合并图层就是将选中的图层与下面一个图层相合并，具体操作步骤如下。

Step 01　在"图层"面板中选择需要向下合并的图层，如"图层 2"，如图 5-23 所示。

Step 02　执行"图层→向下合并"命令，"图层 2"已经合并至"图层 1"中，如图 5-24 所示。

图 5-23　选择图层

图 5-24　向下合并

> **提示**　按【Ctrl + E】快捷键可以快速地将当前工作图层与其下方图层进行合并；或者是在"图层"面板中选定的图层位置处右击，在弹出的快捷菜单中执行"向下合并"命令即可。

2. 合并可见图层

合并可见图层就是将当前可见的图层进行合并。在"图层"面板中选择需要合并的图层，执行"图层→向下合并"命令。

3. 拼合图像

拼合图层就是将"图层"面板中的所有图层进行合并。执行"图层→拼合图像"命令，可以合并当前图像中的所有图层。

5.2.11　"背景"图层转换为图层

"背景"图层是一种不透明的图层，将"背景"图层转换为图层就可对其进行编辑，具体方法如下。

Step 01 在"图层"面板中,选择"背景"图层并单击鼠标右键,在弹出的快捷菜单中执行"背景图层"命令,如图 5-25 所示。

Step 02 弹出"新建图层"对话框,设置其参数,然后单击"确定"按钮,如图 5-26 所示。"背景"图层转换为图层,如图 5-27 所示。

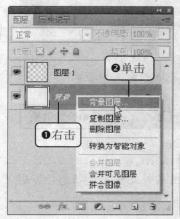
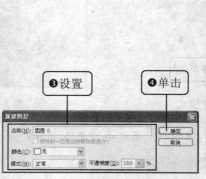
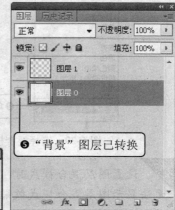

图 5-25 右键菜单 　图 5-26 "新建图层"对话框 　图 5-27 转换为图层

5.3 图层的混合模式和不透明度

在"图层"面板中,图层之间使用叠加算法形成的颜色显示方式称为图层混合模式。在实际操作过程中,应用图层混合模式可以制作出许多意想不到的效果,或明或暗,或深或浅,或艳或淡。

5.3.1 应用图层混合模式

在学习图层混合模式效果前,首先要对其操作方法进行了解。下面将对为图层设置图层混合模式的具体操作方法和相关技巧进行详细介绍。

Step 01 打开素材文件"5-01.psd",此文件有两个图层,如图 5-28 所示。

图 5-28 原图和图层效果

Step 02 单击"图层 1",单击"图层混合"下拉按钮,在下拉菜单中选择"叠加"命令,如图 5-29 所示。叠加模式的效果如图 5-30 所示。

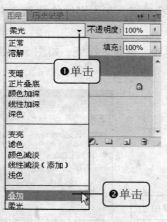

图 5-29 选择混合模式

图 5-30 "叠加"效果

> **注意**　设置图层混合模式时，"图层"面板中应至少要有两个图层并处于显示状态，否则无法显示图层混合模式效果。

5.3.2 混合模式的类型

　　单击"图层"面板左上角的下拉按钮，在打开的下拉列表中包含了 25 种图层混合模式选项，选择任意一种图层混合模式选项，即可将当前图层以选择的图层混合模式同下层图层混合。对图层使用混合效果，可以制作出具有真实或其他特殊效果的图像。在学习前，首先要了解基色、混合色和结果色的概念，基色是图像中的原稿颜色；混合色是通过绘画或者编辑工具应用的颜色；结果色是混合后得到的颜色。

- 正常：在默认情况下，图层的混合模式为"正常"，当选中该模式时，其图层叠加效果为正常的状态，没有任何特殊效果。在处理位图图像或索引颜色图像时，"正常"模式也称为阈值。
- 溶解：在"溶解"模式中，编辑或绘制每个像素，使其成为结果色。根据像素位置的不透明度，"结果色"由"基色"或"混合色"的像素随机替换。因此，"溶解"模式最好是同 Photoshop 中的一些着色工具一同使用效果比较好。"溶解"模式效果如图 5-31 所示。

> **提示**　当降低图层的不透明度时，图层像素不是逐渐透明化，而是某些像素透明，其他像素则完全不透明，从而得到颗粒化效果。不透明度越低，消失的像素越多。

- 变暗：在"变暗"模式中，查看每个通道中的颜色信息，并选择"基色"或"混合色"中较暗的颜色作为"结果色"。比"混合色"亮的像素被替换，比"混合色"暗的像素保持不变。"变暗"模式效果如图 5-32 所示。
- 正片叠底：在"正片叠底"模式中，查看每个通道中的颜色信息，并将"基色"与"混合色"复合。"结果色"总是较暗的颜色；任何颜色与黑色复合产生黑色；任何颜色与白色复合保持不变。"正片叠底"模式效果如图 5-33 所示。

图 5-31 "溶解"模式   图 5-32 "变暗"模式   图 5-33 "正片叠底"模式

- 颜色加深：在"颜色加深"模式中，查看每个通道中的颜色信息，并通过增加对比度使基色变暗以反映混合色。如果与白色混合，将不会产生变化。"颜色加深"模式效果如图 5-34 所示。
- 线性加深：在"线性加深"模式中，查看每个通道中的颜色信息，并通过减小亮度使"基色"变暗以反映混合色。如果"混合色"与"基色"上的白色混合后，将不会产生变化。"线性加深"效果如图 5-35 所示。
- 深色：使用该图层混合模式，通过比较混合色和基色的所有通道值的总和，显示值较小的颜色。换句话说，该图层混合模式是从基色和混合色中选取最小的通道值来创建结果色。"深色"模式效果如图 5-36 所示。

图 5-34 "颜色加深"模式   图 5-35 "线性加深"模式   图 5-36 "深色"模式

- 变亮：在"变亮"模式中，查看每个通道中的颜色信息，并选择"基色"或"混合色"中较亮的颜色作为"结果色"。比"混合色"暗的像素被替换，比"混合色"亮的像素保持不变。"变亮"模式效果如图 5-37 所示。
- 滤色："滤色"模式与"正片叠底"模式正好相反，它将图像的"基色"颜色与"混合色"颜色结合起来产生比两种颜色都浅的第三种颜色。"滤色"模式效果如图 5-38 所示。
- 颜色减淡：在"颜色减淡"模式中，查看每个通道中的颜色信息，并通过减小对比度使基色变亮以反映混合色，与黑色混合则不发生变化。"颜色减淡"模式效果如图 5-39 所示。
- 线性减淡：在"线性减淡"模式中，查看每个通道中的颜色信息，并通过增加亮度使基色变亮以反映混合色，但是不要与黑色混合，那样是不会发生变化的。"线性减淡"模式效果如图 5-40 所示。
- 浅色：使用该图层混合模式，通过比较混合色和基色的所有通道值的总和，显示值较大的颜色但是"浅色"不会生成第 3 种颜色，因为它将从基色和混合色中选取最大的通道值来创建结果色。"淡色"模式效果如图 5-41 所示。

图 5-37　"变亮"模式　　　　图 5-38　"滤色"模式　　　　图 5-39　"颜色减淡"模式

- 叠加："叠加"模式把图像的"基色"颜色与"混合色"颜色相混合产生一种中间色。"基色"内颜色比"混合色"颜色暗的颜色使"混合色"颜色倍增，比"混合色"颜色亮的颜色将使"混合色"颜色被遮盖，而图像内的高亮部分和阴影部分保持不变，因此对黑色或白色像素着色时"叠加"模式不起作用。"叠加"模式效果如图 5-42 所示。

图 5-40　"线性减淡"模式　　　图 5-41　"浅色"模式　　　　图 5-42　"叠加"模式

- 柔光："柔光"模式会产生一种柔光照射的效果。如果"混合色"颜色比基色颜色的像素更亮一些，那么"结果色"将更亮；如果"混合色"颜色比"基色"颜色的像素更暗一些，那么"结果色"颜色将更暗，使图像的亮度反差增大。"柔光"模式效果如图 5-43 所示。
- 强光："强光"模式将产生一种强光照射的效果。如果"混合色"颜色比"基色"颜色的像素更亮一些，那么"结果色"颜色将更亮；如果"混合色"颜色比"基色"颜色的像素更暗一些，那么"结果色"将更暗。"强光"模式效果如图 5-44 所示。
- 亮光：通过增加或减小对比度来加深或减淡颜色，具体取决于混合色。如果混合色（光源）比 50%灰色亮，则通过减小对比度使图像变亮；如果混合色比 50%灰色暗，则通过增加对比度使图像变暗。"亮光"模式效果如图 5-45 所示。
- 线性光：通过增加或减小亮度来加深或减淡颜色，具体取决于混合色。如果混合色（光源）比 50%灰色亮，则通过增加亮度使图像变亮；如果混合色比 50%灰色暗，则通过减小亮度使图像变暗。"线性光"模式效果如图 5-46 所示。
- 点光："点光"模式其实就是替换颜色，其具体取决于"混合色"。如果"混合色"比 50%灰色亮，则替换比"混合色"暗的像素，而不改变比"混合色"亮的像素；如果"混合色"比 50%灰色暗，则替换比"混合色"亮的像素，而不改变比"混合色"暗的像素。这对于向图像添加特殊效果是非常有用的。"点光"模式效果如图 5-47 所示。

图 5-43　"柔光"模式　　　　图 5-44　"强光"模式　　　　图 5-45　"亮光"模式

- 实色混合：使用该图层混合模式，可将混合颜色的红色、绿色和蓝色通道值添加到基色的 RGB 值中。若通道值的总和≥255，则值为 255；若<255，则值为 0，因此所有混合像素的红色、绿色和蓝色通道值要么是 0，要么是 255，这会将所有像素更改为红色、绿色、蓝色、青色、黄色、洋红、白色或黑色。"实色混合"模式效果如图 5-48 所示。

图 5-46　"线性光"模式　　　　图 5-47　"点光"模式　　　　图 5-48　"实色混合"模式

- 差值：在"差值"模式中，查看每个通道中的颜色信息，将从图像中"基色"颜色的亮度值减去"混合色"颜色的亮度值，如果结果为负，则取正值，产生反相效果。由于黑色的亮度值为 0，白色的亮度值为 255，因此用黑色着色不会产生任何影响，用白色着色则产生被着色的原始像素颜色的反相。"差值"模式效果如图 5-49 所示。
- 排除："排除"模式与"差值"模式相似，但是具有高对比度和低饱和度的特点，比用"差值"模式获得的颜色要柔和、更明亮一些。建议你在处理图像时，首先选择"差值"模式，若效果不够理想，可以选择"排除"模式来试试。其中与白色混合将反转"基色"值，而与黑色混合则不发生变化。其实无论是"差值"模式还是"排除"模式都能使人物或自然景色图像产生更真实或更吸引人的图像合成。"排除"模式效果如图 5-50 所示。
- 色相："色相"模式只用"混合色"颜色的色相值进行着色，而使饱和度和亮度值保持不变。当"基色"颜色与"混合色"颜色的色相值不同时，才能使用描绘颜色进行着色，但是要注意的是"色相"模式不能用于灰度模式的图像。"色相"模式效果如图 5-51 所示。
- 饱和度："饱和度"模式的作用方式与"色相"模式相似，只用"混合色"颜色的饱和度值进行着色，而使色相值和亮度值保持不变。当"基色"颜色与"混合色"颜色的饱和度值不同时，才能使用描绘颜色进行着色处理。在无饱和度的区域上（也就是灰色区域中）用"饱和度"模式是不会产生任何效果的。"饱和度"模式效果如图 5-52 所示。

113

图 5-49　"差值"模式　　　　图 5-50　"排除"模式　　　　图 5-51　"色相"模式

- 颜色："颜色"模式能够使用"混合色"颜色的饱和度值和色相值同时进行着色，而使"基色"颜色的亮度值保持不变。"颜色"模式模式可以看成是"饱和度"模式和"色相"模式的综合效果。该模式能够使灰色图像的阴影或轮廓透过着色的颜色显示出来，产生某种色彩化的效果。这样可以保留图像中的灰阶，并且对于给单色图像上色和给彩色图像着色都会非常有用。"颜色"模式效果如图 5-53 所示。
- 明度："明度"模式能够使用"混合色"颜色的亮度值进行着色，而保持"基色"颜色的饱和度和色相数值不变。其实就是用"基色"中的"色相"、"饱和度"及"混合色"的亮度创建"结果色"。此模式创建的效果是与"颜色"模式创建的效果相反。"明度"模式效果如图 5-54 所示。

图 5-52　"饱和度"模式　　　　图 5-53　"颜色"模式　　　　图 5-54　"明度"模式

5.3.3　图层不透明度

在"图层"面板中为图层设置透明度后，即可将图层中的图像变透明，透出下面图层的内容。把"图层 1"的"不透明度"设置为 30%，得到的效果如图 5-55 和图 5-56 所示。

图 5-55　素材文件　　　　　　　　　　图 5-56　不透明度为 30%

5.4 图层样式的应用

Photoshop CS5 中提供了许多图层样式，如外发光、阴影、光泽、图案叠加、渐变叠加和颜色叠加等。使用图层样式，可以轻松制作出具有立体感的浮雕、发光和阴影等特效。

5.4.1 认识图层样式

使用混合选项可以控制当前图层与其下方图层内容相混合的效果。打开"图层样式"对话框有以下几种方法，下面进行详细介绍。

方法1：执行"图层→图层样式→混合选项"命令。

方法2：单击"图层"面板底部的"添加图层样式"按钮 *fx.*，在下拉菜单中执行"混合选项"命令。

方法3：双击需要添加图层样式的图层，可快速打开"图层样式"对话框。

通过以上方法，打开"图层样式"对话框，如图 5-57 所示。

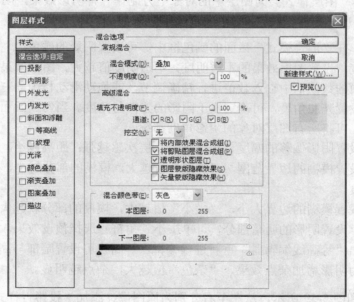

图 5-57 "图层样式"对话框

5.4.2 图层样式分类

在"图层样式"对话框中可以给图层设置多种样式效果，例如"发光"、"光泽"、"颜色叠加"等样式。可以对当前选择图层进行参数设置，常见图层样式的参数设置如下所示。

1．混合选项

"混合选项"可以设置图层中图像与下面图层中图像混合的效果。"混合选项"包括"常规混合"、"高级混合"、"混合颜色带"共 3 个选项。

（1）常规混合

该选项区中的选项与"图层"面板上方的选择参数设置一样，主要用于控制图层内图像的混合模式与不透明程度。

（2）高级混合

- 填充不透明度：该选项与"图层"面板中"填充"的功能相同，主要用于控制图层内图像填充的不透明程度。
- 通道：选择用于混合的颜色通道。
- 挖空：用于设置穿透某图层看到其他图层中的内容。其右侧的下拉列表中包括"无"、"深"和"浅"3个选项。

（3）混合颜色带

该选项区用于设置图像中单一通过的混合范围本图层和下一图层：本图层表示当前选中的图层，下一图层表示所选图层下面的图层。

2．投影

应用"投影"图层样式会为图层中的对象下方制作一种阴影效果，阴影的透明度、边缘羽化和投影角度等都可以在"图层样式"对话框中设置。

- 颜色框：在"混合模式"后面的颜色框中，可设置阴影的颜色。
- 不透明度：设置图层效果的不透明度，不透明度值越大，图像效果就越明显。可直接在后面的数值框中输入数值进行精确调节，或拖动滑动栏中的三角形滑块。
- 角度：设置光照角度，可确定投下阴影的方向与角度。当勾选后面的"全局光"复选框时，可将所有图层对象的阴影角度都统一。
- 距离：设置阴影偏移的幅度，距离越大，层次感越强；距离越小，层次感越弱。
- 扩展：设置模糊的边界范围，"扩展"值越大，模糊的部分越少，可调节阴影的边缘清晰度。
- 大小：设置模糊的边界大小，"大小"值越大，模糊的部分就越大。
- 等高线：设置阴影的明暗部分，可单击小三角符号选择预设效果，也可单击预设效果，弹出"等高线编辑器"重新进行编辑。等高线可设置暗部与高光部。
- 杂色：为阴影增加杂点效果，"杂色"值越大，杂点越明显。

如图 5-58 和图 5-59 所示，从左至右分别为原图像、添加"投影"样式后的效果。

图 5-58　原图效果

图 5-59　投影效果

3．内阴影

"内阴影"图层样式是在图层对象边缘内生成阴影效果。参数设置与"投影"图层样式相同，这里不再重复讲述。

4．外发光和内发光

"外发光"是在图层对象边缘外产生发光效果，"内发光"是在图像边缘内侧生成发光效果。"外发光"和"内发光"都是沿边缘均匀向外或向内产生发光效果。

5．斜面和浮雕

对图层应用"斜面和浮雕"样式可以使图像产生类似浮雕的立体效果。

- 样式：在其下拉菜单中，可以选择"外斜面"、"内斜面"、"浮雕"、"枕状浮雕"和"描边浮雕"共5种浮雕样式。
- 方法：在其下拉列表中，可选择"平滑"、"雕刻清晰"和"雕刻柔和"共 3 个选项。
- 深度：设置斜面的深度。取值越大，"深度"值越高，斜面越明显。
- 方向：当选择"上"单选按钮时，则产生外凸的立体效果；当选择"下"单选按钮时，则产生内凹的立体效果。
- 大小：设置斜面的大小。取值越大，斜面的面积越大。
- 软化：软化斜面边缘阴影。选择"雕刻清晰"选项时，效果明显。
- 高度：设置光源的高度，直接影响立体效果。

如图 5-60～图 5-62 所示，分别为添加的"内阴影"样式效果、"外发光"样式效果和"斜面和浮雕"样式效果。

6．光泽

对图层应用"光泽"样式可给图像对象涂上颜色，在颜色边缘产生羽化使其产生有光泽的图像效果，可调节"不透明度"选项调整添加颜色的明暗程度。

图 5-60　内阴影效果

图 5-61　外发光效果

图 5-62　斜面和浮雕效果

7. 颜色叠加、渐变叠加和图案叠加

叠加图层样式组是通过叠加颜色替换图层对象的颜色，可通过调节"不透明度"选项对原图层对象进行颜色、图案的替换或混合。其中，"渐变叠加"和"图案叠加"有系统预设渐变样式和图案样式。在"图案叠加"样式中，设置"缩放"选项可调节图案纹理的大小。

8. 描边

可对图像边缘描上指定的颜色、渐变或者图案。

- 大小：设置描边的宽度。取值越大，描边越粗。
- 位置：设置对图层对象进行描边的位置，有"外部"、"内部"和"居中"3 个选项。

如图 5-63～图 5-65 所示，分别为添加后的"光泽"样式效果、"图案叠加"样式效果和添加"描边"样式效果。

图 5-63　光泽效果　　　　图 5-64　图案叠加效果

图 5-65　描边效果

5.4.3　清除图层的样式效果

清除图层样式的方法有两种，分别如下。

方法 1：在"图层"面板中选择需要清除样式的图层，执行"图层→图层样式→清除图层样式"命令。

方法 2：在"图层"面板中需要清除样式的图层位置处右击，弹出快捷菜单，执行"清除图层样式"命令。

5.5　创建与管理图层样式

在 Photoshop CS5 中，系统预设了一些常用的图层特效，作为图标集成在"样式"控制面板中。在图标上单击鼠标左键，即可快速对目标图像应用图层特效。

5.5.1　创建图层样式

创建图层样式可以基于当前图层已有的图层样式创建，也可以在"图层样式"对话框中进行设置。创建图层样式的具体操作步骤如下。

Step 01 在"图层样式"对话框中单击"创建新样式"按钮，在弹出的"新建样式"对话框中设置"名称"，勾选"包含图层效果"复选框，如图5-66所示。

Step 02 执行"窗口→样式"命令可打开"样式"面板，"样式1"出现在面板最后面，如图5-67所示。

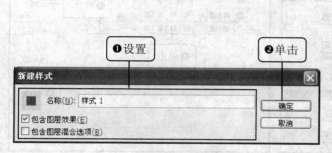

图5-66　"新建样式"对话框

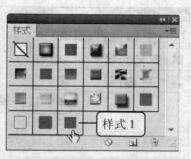

图5-67　"样式"面板

5.5.2　管理预设样式

在"样式"面板中提供了"复位样式"、"载入样式"和"替换样式"等命令进行样式管理。"复位样式"可以将样式面板中的样式更改回系统默认的样式；"载入样式"可以将样式文件中的样式载入到程序中，并添加到当前样式面板中的样式之后；"替换样式"用载入文件中的样式替换当前样式面板中的样式。还可控制样式按钮的显示方式，在"样式"面板中载入系统预设样式，具体操作步骤如下。

Step 01 在"样式"面板中，单击右上角的 按钮，在弹出的下拉菜单中选择"按钮"命令，如图5-68所示。

Step 02 在弹出的提示对话框中单击"追加"按钮，载入系统预设"按钮"样式，如图5-69所示。

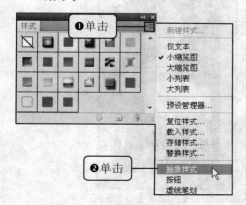

图5-68　选择样式

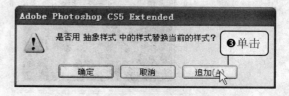

图5-69　单击"追加"按钮

5.5.3 删除样式库中的样式

在样式库中,对不需要的样式可以进行删除,具体操作步骤如下。

Step 01 在"样式"面板中,单击右上角的 按钮,在弹出的下拉菜单中选择"预设管理器"命令,如图 5-70 所示。

Step 02 在"预设管理器"中单击需要删除的样式,单击右边的"删除"按钮 删除(D),这时样式就被删除了,然后单击"完成"按钮 完成 ,如图 5-71 所示。

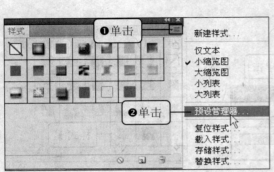

图 5-70 选择"预设管理器"命令

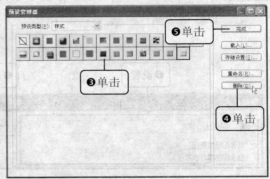

图 5-71 删除样式

5.6 上机实训——设计人物艺术相框

实例说明

本例效果如图 5-72 所示。在本例的制作中,首先新建一个文件,将一幅人物图片素材复制到该文件中,再新建一个渐变填充图层,通过设置图层混合模式对人物效果进行艺术处理,然后在图像上绘制相框边框并填充木纹图案,对该相框图层进行斜面浮雕样式处理,让相框具有立体感的效果。

图 5-72 艺术相框

学习目标

通过对本例的学习，让用户学会图层的综合应用，并掌握图层样式、图层混合模式、新建填充图层的综合应用。

原始文件：	素材文件\第 5 章\5-02.jpg
结果文件：	结果文件\第 5 章\5-02.psd
同步视频文件：	同步教学文件\第 5 章\5.6 上机实训——设计人物艺术相框.mp4

Step 01 选择"文件→新建"菜单命令，弹出"新建"对话框，在"名称"框中输入"艺术相框"，然后按图 5-73 所示的参数进行设置。最后，单击"确定"按钮，新建一个空白文件，如图 5-74 所示。

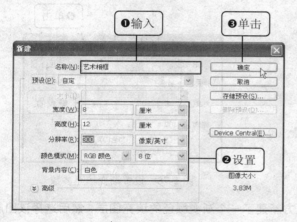

图 5-73　"新建"对话框

图 5-74　新建的空白文件

Step 02 选择"文件→打开"菜单命令，弹出"打开"对话框，打开文件名为"5-02.jpg"的文件，效果如图 5-75 所示。

Step 03 选择工具箱中的"移动工具"，将该人物照片拖动复制到"艺术相框"图像窗口中，效果如图 5-76 所示。

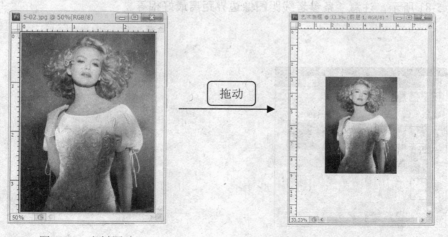

图 5-75　素材图片

图 5-76　复制到"艺术相框"窗口中

Step 04 将复制的人物图层名称更改为 photo，然后按【Ctrl + T】快捷键对图像进行自由变换，缩放到合适窗口的大小，按【Enter】键确认变换。

Step 05 在"图层"面板中选择 photo 图层，单击面板下方的"创建新的填充或调整图层"按钮，在显示的下拉菜单中选择"渐变"命令，操作如图 5-77 所示。

Step 06 经过上步操作，打开"渐变填充"对话框，在"渐变"下拉列表中选择"铬黄"渐变颜色，在"样式"下拉列表中选择"线性"渐变，"角度"设置为 90 度，然后单击"确定"按钮，操作如图 5-78 所示。

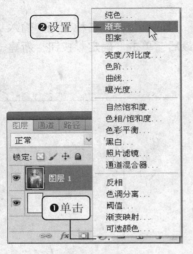
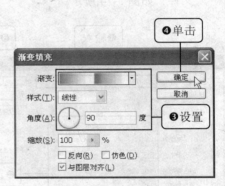

图 5-77　选择"渐变"命令　　　　图 5-78　设置渐变填充参数

Step 07 经过上步操作，在 photo 图层上方新建了一个渐变颜色的填充图层，然后选择该图层，单击"图层"面板上方的"模式"下拉列表，选择混合模式为"颜色加深"（见图 5-79），通过混合框给图像添加一种艺术效果。图像效果如图 5-80 所示。

Step 08 单击"图层"面板中的"创建新图层"按钮，新建一个图层，并重命名为"相框"。

Step 09 按【Ctrl + R】快捷键显示出标尺（如果已显示可直接进行后面操作），选择"移动工具"，指向水平标尺拖出两条参考线，然后指向垂直标尺拖出两条参考线，效果如图 5-81 所示。注意 4 条参考线距图像边界距离最好相等。

图 5-79　设置图层混合模式　　　　图 5-80　图像艺术效果

Step⑩ 选择"矩形选框工具",指向参考线内部矩形的左上角绘制出一个贴齐 4 条参考线的矩形选区,效果如图 5-82 所示。

图 5-81　创建参考线　　　　　　　图 5-82　绘制矩形选区

Step⑪ 按【Ctrl + Shift + I】快捷键进行选区的反向选择,然后选择"编辑→填充"命令,打开"填充"对话框。

Step⑫ 在"填充"对话框中,在"内容"栏中选择"图案"选项,单击"自定图案"按钮,在显示的图案列表中选择"木质"图案,其他参数默认,然后单击"确定"按钮,给选区填充上"木质"图案,操作及效果如图 5-83 和图 5-84 所示。

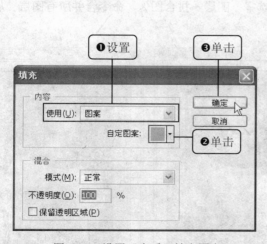

图 5-83　设置"木质"填充图案　　　　图 5-84　填充的"木质"相框

Step⑬ 按【Ctrl + D】快捷键取消选区,再按【Ctrl + H】快捷键隐藏参考线。在"图层"面板中双击"相框"图层,打开"图层样式"对话框。

Step 14 在"图层样式"对话框中，选择"斜面和浮雕"复选框，并在右边的"斜面和浮雕"栏中设置"内斜面"样式的浮雕，并根据窗口参数调相框的浮雕效果，然后单击"确定"按钮，使相框具有立体质感效果，操作及效果如图 5-85 和图 5-86 所示。

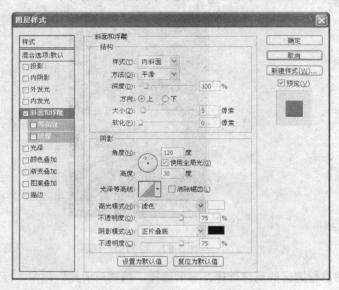 

图 5-85　设置内斜面浮雕 　　　　　　　图 5-86　相框浮雕效果

Step 15 在工具箱中选择"椭圆选框工具"，在"相框"的左上角按住【Shift】键画出一个圆形，并选择"木质"相框内容，操作如图 5-87 所示。

Step 16 选择"移动工具"，将指针指向椭圆选区内，然后按住【Alt】键不放拖动复制选区内容到相框的 4 个角点，给相框进行一个简单的艺术造型，操作及效果如图 5-88 和图 5-89 所示。

Step 17 按【Ctrl + D】快捷键取消选区，选择"图层→拼合图像"命令合并所有图层，从而完成人物艺术相框的设计与制作。

图 5-87　绘制圆形选区 　　　图 5-88　拖动复制选区内容 　　　图 5-89　相框轮廓的艺术造型

5.7 本章小结

本章详细地介绍了在 Photoshop CS5 中图层的相关操作与应用。内容包括图层的创建、重命名、选择、移动、复制、删除、链接、合并等操作，以及图层组、图层混合模式、图层样式的应用与管理。熟练掌握图层的各种管理、组织方法与技巧，对图像处理与创意非常有帮助，也可以使 Photoshop 作品更加丰富多彩。

5.8 本章习题

1．选择题

（1）要使某图层与其下面的图层合并可按什么快捷键？（   ）

    A．Ctrl+K   B．Ctrl+D   C．Ctrl+E   D．Ctrl+J

（2）单击"图层"面板上的眼睛图标，可以起什么作用？（   ）

    A．该图层被锁定   B．该图层被隐藏
    C．该图层与当前激活的图层链接   D．该图层不会被打印

（3）下列哪些方法可以产生新图层？（   ）

    A．双击"图层"控制面板的空白处，在弹出的对话框中进行设置选择"新图层"命令

    B．单击"图层"面板下方的"创建新图层"按钮

    C．使用鼠标将图像从当前窗口中拖动到另一个图像窗口中

    D．选择一个图层，并将其拖放到"图层"面板右下角的"创建新图层"按钮上

（4）下列哪些方法可以建立图层组？（   ）

    A．双击"图层"控制面板的空白处，在弹出的对话框中进行设置选择"新图层组"命令

    B．单击"图层"面板下方的"新图层组"按钮

    C．选择"图层→新建→图层组"命令

    D．链接所有图层，选择"图层→新建→从图层建立组"命令

（5）下列对"背景"图层说法错误的是（   ）。

    A．始终在"图层"面板的下面，不能与其他图层交换位置

    B．不能转换成普通的透明图层

    C．不能更改它的图层透明度

    D．不能移动

（6）下列不属于图层样式的是（　　　）。

    A．投影　　　　　B．内投影　　　　　C．外发光　　　　　D．镜头光晕

（7）在图层样式的"叠加"样式中，可以对图层设置以下哪些叠加样式？（　　　）

    A．纯色　　　　　B．图案　　　　　C．图像　　　　　D．渐变色

（8）在图层样式的"斜面和浮雕"中，可以设置的浮雕样式有哪些？（　　　）

    A．投影　　　　　B．内斜面　　　　　C．枕状浮雕　　　　　D．描边浮雕

2．填空题

（1）Photoshop 中的"图层"就好像是一张张叠加在一起的_____，可以分别在每张_____上画图。

（2）要显示或隐藏"图层"面板的操作方法为：选择_____菜单中的"图层"命令，或按_____键即可。

（3）在默认情况下，"背景"图层是被_____的，无法像普通图层一样任意编辑、调整顺序等操作。

（4）复制图层是将当前图层的所有_____进行复制，并得到一个新的图层。新图层内容的位置与原图层内容位置完全_____。

3．上机操作

（1）打开"水果拼盘"文件夹中的相关素材，如图 5-90 所示。然后利用前面所讲解的知识，结合图层编辑操作，制作出"水果拼盘"的最终效果，如图 5-91 所示。

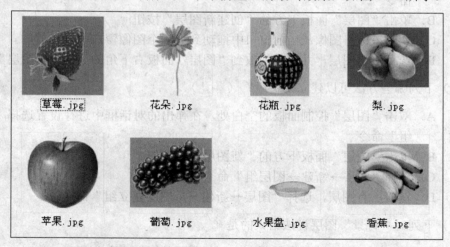

草莓.jpg　　　花朵.jpg　　　花瓶.jpg　　　梨.jpg

苹果.jpg　　　葡萄.jpg　　　水果盘.jpg　　　香蕉.jpg

图 5-90　素材文件

> **提示**　本例主要用到图像的选择及图层的编辑操作方面的知识。"水果拼盘"效果主要采用了图层之间不同的排列顺序来得到水果叠加的效果。其中，对于水果置入盘内的效果，是采用了选中水果应该隐藏的部分，再删除以露出盘子的位置，与前面五环相套的操作方法类似。

图 5-91　水果拼盘效果

（2）利用图层及图层样式的相关功能，并结合前面所学知识，制作一个五子棋盘效果，如图 5-92 所示。

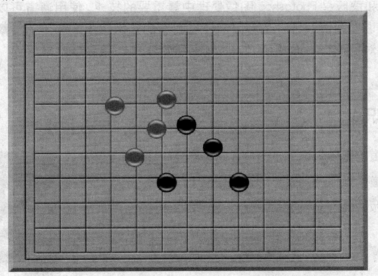

图 5-92　五子棋盘

提示　"对弈五子棋"效果主要是采用了图层样式效果，包括"图案叠加"、"渐变叠加"和"斜面和浮雕"图层样式。棋子的制作，可参照选区的编辑、对选区的羽化及图层位置的调整。对于棋盘上网格的均匀布置，需要调出网格线来辅助设计棋盘格的大小、网格线间距的大小，棋盘格线条由"单行选框工具"和"单列选框工具"创建。

第6章

深入探索通道与蒙版的应用

通道和蒙版是 Photoshop 图像处理中最重要的技能。使用通道可以非常方便地保存选区、调整图像颜色，还可以制作出图像的艺术效果。利用图层蒙版可以对图像中的相关对象进行平面位移，以达到一种特效的图像合成效果。

本章知识点

- ◎ 通道的基础知识
- ◎ 通道的操作
- ◎ 蒙版的类型

6.1 通道的基础知识

通道是用来存储颜色和选区的，可以把通道看成一种特殊的图层，把图像中的选区以通道的形式进行保存，以方便在制作中随时调用这些选区。

6.1.1 认识"通道"面板

"通道"面板一般是与"图层"面板、"路径"面板组合在一起的。如果要显示或隐藏"通道"面板，则执行"窗口→通道"命令即可。"通道"面板如图 6-1 所示。

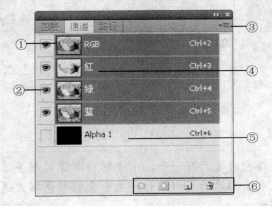

图 6-1 "通道"面板

① 通道缩览图：显示各个通道中所包含的通道缩览效果。

② 指示图层可见性：单击该图标，可以将相应的通道进行隐藏或显示。

③ 快捷按钮：单击快捷按钮，可以弹出下拉菜单，在其中包含了许多和通道相关的操作命令。

④ 通道名称：显示通道的名称，可以对其进行重命名。

⑤ Alpha 通道：是 Photoshop 中特殊的通道，通常用于保存编辑的选区。

⑥ 快捷图标：单击 ⊙ 按钮，可将通道作为选区载入；单击 ▣ 按钮，可以将创建的选区存储为通道；单击 ⤵ 按钮，可以创建新通道；单击 🗑 按钮，可以将所选择的通道进行删除。

6.1.2 通道的类型

通道作为图像的组成部分，是与图像的格式密不可分的。通道的类型分为 3 种，即颜色通道、Alpha 通道和专色通道。

1. 颜色通道

颜色通道用于保存图像的颜色信息，也称为原色通道。打开一幅图像，Photoshop 会自动创建相应的颜色通道。所创建的颜色通道的数量取决于图像的颜色模式，而非图层的数量。

不同原色通道保存了图像的不同颜色信息，如 RGB 模式图像中，红色通道用于保存图像中红色像素的分布信息；绿色通道用于保存图像中全部绿色像素的分布信息，因而通过修改各个颜色通道即可调整图像的颜色，但一般不直接在通道中进行编辑，而是在使用调整工具时从通道列表中选择所需的颜色通道。

打开一幅图像文件，将其转换为 RGB 模式、CMYK 模式、Lab 模式所显示的"通道"面板分别如图 6-2 所示。

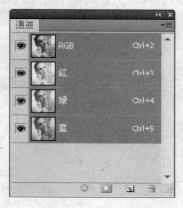

（a）RGB 通道　　　　　　　（b）CMYK 通道　　　　　　　（c）Lab 通道

图 6-2　不同模式的"通道"面板

> **注意**　灰度模式图像的颜色通道只有一个，用于保存图像的灰度信息；位图模式图像的通道只有一个，用来表示图像的黑白两种颜色；索引颜色模式通道只有一个，用于保存调色板中的位置信息。

2．Alpha 通道

Alpha 通道用于创建和存储蒙版。一个选区保存后，就成为一个蒙版保存在 Alpha 通道中，在需要时也可以将其载入以便继续使用。

Alpha 通道指的是特殊的通道，该通道可以看做一个 8 位的灰阶，可以变出 256 个不同的灰阶层次，可以设置不透明度并具有蒙版的功能与特性，还可以用于存储选区并对选区进行编辑等操作。Alpha 通道不会直接对图像的颜色产生影响。

3．专色通道

专色是特殊的预混油墨，用于替换或补充印刷色（CMYK）油墨。为了使自己的印刷作品与众不同，往往会做一些特殊处理，如增加荧光油墨或夜光油墨、套版印刷无色系等，这些特殊颜色的油墨无法用三原色油墨混合而成，这时需要专色通道与专色印刷。

6.2 通道的操作

前面给初学者介绍了 Photoshop 图像通道的基础知识，接下来介绍有关通道的基本操作，如通道的创建、复制、删除、分离及合并等操作。

6.2.1　创建 Alpha 通道

下面介绍 Alpha 通道的创建方法。

Step 01 打开一个图片文件，运用选择工具在图像窗口中创建一个选区，如图 6-3 所示。

Step 02 单击"通道"面板底部的"将选区存储为通道"按钮 ⬚ ，创建 Alpha1 通道，如图 6-4 所示。

Step 03 在"通道"面板中单击 Alpha1 通道，图像窗口中显示的图像，如图 6-5 所示。

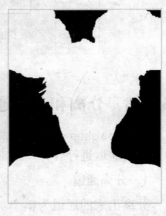

图 6-3　创建选区　　　　　图 6-4　创建 Alpha1 通道　　　　　图 6-5　图像窗口

6.2.2　复制和删除通道

在编辑与处理图像效果时，可以根据需要对通道进行复制。复制通道可以是颜色通道，也可以是 Alpha 通道，或者是专色通道。复制通道时，只需将选择的通道拖动到"创建新通道"按钮上即可完成通道的复制，如图 6-6 所示。

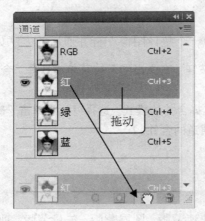

图 6-6　复制通道

当不需要某些通道时，就可以将其删除，以减小文件大小。删除通道的操作与删除图层的操作几乎相同，只需要将通道拖放到"删除当前通道"按钮上即可，如图 6-7 所示。

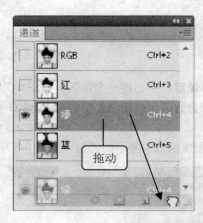 

图 6-7　删除通道

6.2.3　分离和合并通道

在 Photoshop 中，可以将拼合图像的通道分离为单独的图像，或者对分离的多个同图像大小的通道进行合并。经常这些操作，可以使图像得到意想不到的效果。

1．分离通道

分离出来的通道为单个灰度图像的文件，每个文件的名称是在原名称上再加上原通道的名称。分离出的个数由原通道的个数决定。

在"通道"面板中，单击右上角的 按钮，在弹出的下拉菜单中选择"分离通道"命令，就会将原通道分离成单个的灰度文件了。

 对通道的分离主要是便于在印刷中做出特殊效果或者提高印刷速度。

2．合并通道

分离出的通道还可以重新合并起来，成为一个整体图像。合并通道的方法如下。

Step 01 在"通道"面板中，单击右上角的 按钮，在弹出的下拉菜单中选择"合并通道"命令，就会弹出"合并通道"对话框。

Step 02 在对话框的"模式"下拉列表中可以选择合并的模式。选择好后，单击"确定"按钮，并接着单击"下一步"按钮即可完成通道的合并。

6.3　蒙版的类型

Photoshop CS5 包括不同种类的蒙版，如快速蒙版、图层蒙版、矢量蒙版、剪贴蒙版等。不同类型的蒙版都有其各自的特点，应用不同的蒙版可以制作出各种边缘过渡的效果。

6.3.1　快速蒙版

快速蒙版的使用是首先要创建快速蒙版，其具体创建方法如下。

Step 01 打开一张图片，使用"套索工具"在图像中创建一个选区，如图 6-8 所示。

Step 02 单击工具箱中的"以快速蒙版模式编辑"按钮 ⬚，切换到快速蒙版编辑模式。选区外的范围被红色蒙版遮挡，如图 6-9 所示。

图 6-8　创建选区　　　　　　　　　　图 6-9　快速蒙版

Step 03 当图像窗口中创建好快速蒙版后，就可以对快速蒙版进行编辑。一般主要应用画笔工具来对蒙版进行涂抹，凡被涂抹的地方都将作为选区，如图 6-10 所示。

Step 04 编辑完成后，单击工具箱中的"以标准模式编辑"按钮 ⬚，即可退出快速蒙版。切换到标准编辑模式后，会得到一个比较精确的选取范围，如图 6-11 所示。

图 6-10　用"画笔工具"涂抹　　　　　　图 6-11　精确选区

6.3.2　图层蒙版

图层蒙版是一种特殊的蒙版，它附加在目标图层上，用于控制图层中的部分区域是隐藏还是显示。通过使用图层蒙版，可以在图像处理中制作出特殊的效果。

1．创建图层蒙版

下面通过两个图像文件的合成，介绍创建图层蒙版的具体操作方法。

Step 01 分别打开两张图片文件，选择工具箱中的"移动工具"，将其中的一张图片移动到另一张图片的窗口中，如图 6-12 所示。

Step 02 单击"图层"面板底部的"添加图层蒙版"按钮，为"图层 1"图层添加蒙版，如图 6-13 所示。

图 6-12　拖动图像

图 6-13　添加蒙版

注意

在添加图层蒙版时，不能在"背景"图层上添加。

Step 03 选择工具箱中的"画笔工具"，设置前景色为"黑色"，设置画笔的笔触为"柔角 100 像素"、"不透明度"值为 80%、"流量"值为 100。然后在图像窗口中人物图像的背景处进行涂抹，鼠标涂抹处将被屏蔽而显示出下方图层中的内容，如图 6-14 所示。

Step 04 继续在图像背景的其他位置处涂抹，直到人物与背景图像合为一个整体为止，最终效果如图 6-15 所示。

图 6-14　用"画笔工具"涂抹

图 6-15　图像合成效果

2. 关闭图层蒙版

蒙版主要用于对图像进行遮挡，保护遮挡的图像不被编辑。对于创建的蒙版，还可以进行关闭或删除操作。下面将对这两项操作进行详细的介绍。

关闭蒙版的操作方法有 4 种，分别如下。

- 执行"图层→图层蒙版→停用"命令。
- 在"图层"面板中选择需要关闭的蒙版，并在该蒙版缩览图处右击鼠标，在弹出的快捷菜单中选择"停用图层蒙版"命令。
- 按住【Shift】键的同时，单击该蒙版的缩览图，可快速关闭该蒙版；若再次单击该缩览图，则显示蒙版。

- 在"图层"面板中选择需要关闭的蒙版缩览图，单击"蒙版"面板底部的"停用/启用蒙版"按钮 👁 。

> **提示** 关闭蒙版后，"图层"面板中添加的蒙版上将出现一个红色的交叉符号，即表示已经关闭该蒙版。

3. 删除图层蒙版

如果不满意添加的蒙版效果，可以将其删除。删除蒙版的操作方法有4种，分别如下。

- 在"图层"面板中选择需要删除的蒙版，并在该蒙版缩览图处右击鼠标，在弹出的快捷菜单中选择"删除图层蒙版"命令。
- 执行"图层→图层蒙版→删除"命令。
- 单击"蒙版"面板底部的"删除蒙版"按钮 🗑 。
- 在"图层"面板中选择该蒙版缩览图，并将其拖动至面板底部的"删除图层"按钮处。

6.3.3 矢量蒙版

矢量蒙版是应用所绘制的路径来显示出图像效果的。在相应的图层中添加矢量蒙版后，图像可以沿着路径变化出特殊形状的效果。

Step 01 分别打开两张图片文件，选择工具箱中的"移动工具"，将其中的一张图片移动到另一张图片的窗口中，选择工具箱中的"自定形状工具"，单击工具选项栏中的"路径"按钮，在"形状"列表框中选择"雨滴"形状，如图6-16所示。

Step 02 在图像中绘制一个"雨滴"形状路径，如图6-17所示。

图 6-16 选择路径形状

图 6-17 绘制路径

Step 03 执行"窗口→蒙版"命令，打开"蒙版"面板，单击该面板右上角的"添加矢量蒙版"按钮，如图6-18所示。

Step 04 给图层添加矢量蒙版后，只显示出蒙版中的图案，如图6-19所示。

> **提示** 设置好矢量蒙版后，也可以对矢量蒙版进行应用、删除等操作。

图 6-18 "蒙版"面板

图 6-19 添加蒙版

6.3.4 剪贴蒙版

剪贴蒙版是通过使用处于下方图层的形状来限制上方图层的显示状态，达到一种剪贴画的效果。剪贴蒙版至少需要两个图层才能创建，位于最下面的图层称为"基底图层"（简称基层）；位于基层之上的图层称为"剪贴层"，剪贴层可以有若干个。

1. 创建剪贴蒙版

创建剪贴蒙版的具体操作步骤如下。

Step 01 打开素材文件"6-01.psd"，此文件有 3 个图层，如图 6-20 所示。

Step 02 选择"图层 2"，执行"图层→创建剪贴蒙版"命令。创建剪贴蒙版后，上方剪贴图层缩览图向右缩进，并且带有一个向下的箭头，基底图层名称带一条下划线，如图 6-21 所示。

图 6-20 原图效果

图 6-21 剪贴蒙版效果

也可以按住【Alt】键单击两个图层中间，创建剪贴蒙版。

2. 合并剪贴蒙版

在图像编辑过程中，如果"图层"面板中的图层太多，又不需要更改的情况下，可以对剪贴蒙版进行合并。方法是选择剪贴蒙版的基层，单击"图层"面板右上角的 按钮，在弹出的下拉菜单中选择"合并剪贴蒙版"命令，如图 6-22 所示。

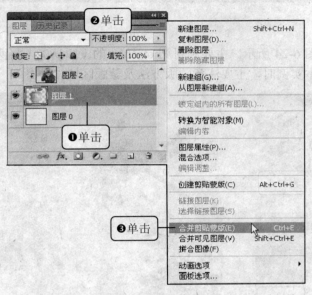

图 6-22　合并剪贴蒙版

3．释放剪贴蒙版

在对图层进行编辑时，如果需要释放剪贴蒙版，可以选择剪贴蒙版的剪贴层，单击"图层"面板右上角的 按钮，在弹出的下拉菜单中选择"释放剪贴蒙版"命令，从而使图层中图像回到原图像的效果，如图 6-23 所示。

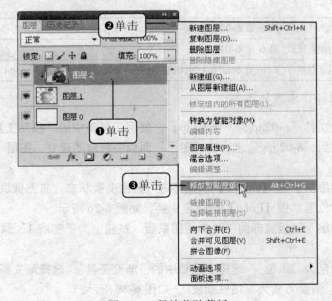

图 6-23　释放剪贴蒙版

6.4 上机实训——使用蒙版合成照片

实例说明

本实例效果如图 6-24 所示。主要利用 Photoshop 的蒙版功能，将两幅图像很自然地合成在一起。在制作本实例时，主要注意蒙版方法及蒙版区域。

素材 1

素材 2

合成效果

图 6-24　照片合成

学习目标

通过本实例的学习，主要让读者掌握 Photoshop 中蒙版功能的应用，并学会使用蒙版进行图像合成特效创作。

原始文件：	素材文件\第 6 章\6-02.jpg、6-03.jpg
结果文件：	结果文件\第 6 章\6-01.psd
同步视频文件：	同步教学文件\第 6 章\6.4 上机实训——使用蒙版合成照片.mp4

本实例的具体操作步骤如下。

Step 01 打开素材文件"6-02.jpg"、"6-03.jpg"，使用工具箱中的"移动工具"将"6-03.jpg"文件移动到"6-02.jpg"上，在"图层"面板中将自动建立"图层 1"，效果如图 6-25所示。

Step 02 选择"图层 1"，按【Ctrl+T】快捷键进入自由变换状态，将图像放大，并将图像移动到相应的位置，按【Enter】键确定变换，如图 6-26 所示。

Step 03 单击"图层"面板底部的"添加图层蒙版"按钮，为"图层 1"添加蒙版，如图 6-27所示。

Step 04 设置前景色为"黑色"，选择工具箱中的"渐变工具"，选择渐变颜色为"前景色到透明渐变"、渐变方式为"线性渐变"，如图 6-28 所示。

图 6-25　移动图像

图 6-26　放大图像

图 6-27　添加蒙版

图 6-28　设置渐变参数

Step 05 在图像窗口中，从右至左拖动鼠标，如图 6-29 所示。

Step 06 释放鼠标，填充渐变后，"图层 1" 变成渐变透明，效果如图 6-30 所示。

图 6-29　拖动鼠标

图 6-30　填充渐变效果

Step 07 继续使用 "渐变工具" 拖动，调整图片细节，最终照片合成效果如图 6-24 所示。

6.5 本章小结

本章首先介绍了通道的概念、通道的作用及通道的分类，然后详细介绍了 3 种通道，如颜色通道、专色通道和 Alpha 通道的创建与具体的应用，最后主要给读者介绍了 Photoshop 中蒙版功能的综合应用，内容包括快速蒙版、图层蒙版及矢量蒙版的创建与编辑。快速蒙版一般用于图像选区的编辑与修改，而图层蒙版和矢量蒙版的应用方法都差不多。使用这两种蒙版操作，可以在不破坏原图像的基础上制作出图像艺术合成效果。

6.6 本章习题

1．选择题

（1）下列哪种模式的通道只有一个？（　　　）

      A．RGB 模式　　　　　B．灰度模式　　　　　C．CMYK 模式　　　　D．Lab 模式

（2）关闭蒙版后，图层面板中添加的蒙版上将出现一个（　　　）符号，即表示已经关闭该蒙版。

      A．黑色缩略图　　　　　　　B．红色的交叉
      C．红色横杠　　　　　　　　D．红色竖条

（3）将图层创建成图层蒙版后，在图像上涂抹黑色表示（　　　）作用。

      A．隐藏图像　　　　　　　　B．显示图像
      C．设置不透明度　　　　　　D．删除图像

2．判断题

（1）专色通道是用来保存图像颜色信息的地方。（　　　）
（2）图层蒙版的内容可以是显示的，也可以是隐藏的。（　　　）
（3）对图层进行蒙版应用后，原则上就不能对图像取消蒙版效果。（　　　）
（4）图层蒙版不能添加到背景上。（　　　）

3．上机操作

（1）打开素材文件"6-04.jpg"，利用 Photoshop CS5 的通道知识，将春天变秋天，效果如图 6-31 所示。

（2）打开两幅图像文件"6-05.jpg"和"6-06.jpg"，效果分别如图 6-32 和图 6-33 所示。利用图层蒙版功能，将两幅图像进行蒙版合成，制作出的特殊"意境"效果如图 6-34 所示。

图 6-31 春天变秋天

图 6-32 "红山"素材　　　图 6-33 "湖景"素材　　　图 6-34 蒙版后的"意境"图像效果

第7章

路径和形状的应用

　　本章主要介绍了路径的概念、路径调板的使用、路径绘制工具、路径编辑工具和形状工具等内容。

　　通过本章内容的学习，读者能够利用路径来创建选区和绘制种类特殊形状的选区，能够利用路径的描边和路径填充来制作各类特殊效果。

本章知识点

- ◎ 认识路径
- ◎ 路径的创建
- ◎ 路径的修改
- ◎ 路径的编辑

7.1 认识路径

虽然 Photoshop CS5 是一款处理位图的图形图像软件，但是其路径绘制、编辑功能毫不逊色于矢量编辑软件 CorelDRAW、Illustrator 等。

7.1.1 什么是路径

所谓"路径"，就是指一些不可打印，并由若干锚点、线段（直线段或曲线段）所构成的矢量线条。路径由一个或多个直线段、曲线段组成，用锚点标记路径的端点，通过锚点可以固定路径、移动路径、修改路径长短，也可以改变路径的形状，如图 7-1 所示。

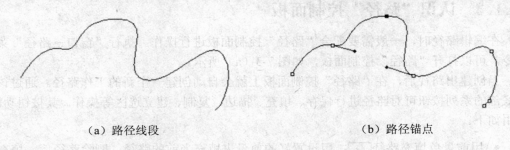

（a）路径线段　　　　　　　　　　　　（b）路径锚点

图 7-1　路径

7.1.2 路径的组成

路径是 Photoshop 较为重要的组成部分，利用路径可以编辑不规则图形、建立不规则选区等操作。

1. 路径的组成元素

路径可以是闭合的，如绘制一个圆形路径；也可以是开放的，带有明显的端点。在曲线段上每个选中的锚点显示一条或两条方向线，方向线以方向点结束，方向线和方向点的位置决定路径曲线段的大小和形状，移动这些对象将改变路径中曲线的形状；而直线段上则只有直线段与锚点，如图 7-2 所示。

图 7-2　曲线路径与直线路径的组成

2. 锚点

锚点又称为节点。在绘制路径时，线段与线段之间由一个锚点连接，锚点本身具有直线或曲线属性。当锚点显示为白色空心时，表示该锚点未被选取；而当锚点为黑色实心时，表示该锚点为当前选取的点。

3．线段

两个锚点之间连接的部分称为线段。如果线段两端的锚点都带有直线属性，则该线段为直线；如果任意一端的锚点带有曲线属性，则该线段为曲线。当改变锚点的属性时，通过该锚点的线段也会被影响。

4．方向线

当用"直接选择"工具 或"转换节点"工具 选取带有曲线属性的锚点时，锚点的两侧便会出现方向线。用鼠标拖曳方向线末端的方向点，即可以改变曲线段的弯曲程度。

7.1.3 认识"路径"控制面板

在编辑路径时，一般需要配合"路径"控制面板进行操作。执行"窗口→路径"菜单命令，可以打开"路径"控制面板，如图 7-3（a）所示。

当创建出路径后，在"路径"控制面板上就会自动创建一个新的工作路径。通过该面板底部的系列按钮可对路径进行保存、填充、描边、复制、建立选区等操作。其按钮功能、作用如下。

- 用前景色填充路径 ：用设置好的前景来填充当前的路径。删除路径后，填充色依然存在。
- 用画笔描边路径 ：根据设置好的画笔，用前景色沿路径描边；描边的大小由画笔大小决定。
- 将路径作为选区载入 ：将创建好的路径转换为选区。
- 从选区生成工作路径 ：将创建好的选区转换为路径。
- 创建新路径 ：可重新存储一个路径，与原路径互不影响，当存储若干路径时非常方便。如果是将路径拖到此按钮上，又可复制该路径。
- 删除当前路径 ：删除当前路径。

如图 7-3（b）所示为前景色填充路径效果，图 7-3（c）所示为画笔描边路径效果。

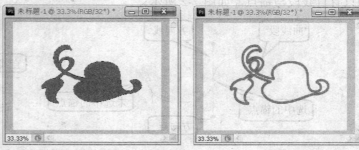

（a）"路径"面板 　　　（b）前景色填充路径 　　　（c）画笔描边路径

图 7-3 　"路径"面板及编辑效果

7.2 路径的创建

创建路径的工具主要有两种：一种是"钢笔工具"，另一种是"形状工具"。它们都分别位于工具箱中部，是创建路径的主要工具。

7.2.1 使用"钢笔工具"创建路径

用"钢笔工具"可以创建直线、曲线的路径及形状图层。

1. 钢笔工具选项栏

当选取"钢笔工具" 时，便会激活钢笔工具选项栏，如图7-4所示。通过该选项栏，用户不仅可以创建路径或形状图层，还可以快速切换到磁性钢笔、几何路径等其他路径工具。

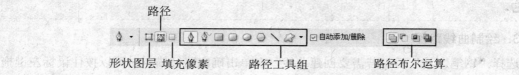

图7-4 "钢笔工具"选项栏

以下为钢笔工具选项栏中相关按钮作用及含义说明。

- 形状图层：单击该按钮后，即可用钢笔或形状等路径工具在图像中添加一个新的形状图层。所谓形状图层，就是用钢笔或形状工具创建的图层。在创建的形状中会自动以当前的前景色填充，用户也可以很方便地改用其他颜色、渐变或图案来进行填充。
- 路径：出现在"路径"面板中的临时路径，用于定义形状的轮廓。当单击该按钮后，即可用钢笔或形状工具绘制出路径，而不会形成形状图层。
- 填充像素：单击该按钮后，在绘制图像时既不产生路径，也不生成形状图层，而会在当前图层中创建一个由前景色填充的像素区域。该填充像素与将选区用前景色填充得到的效果完全相同。
- 路径工具组：路径工具组包括钢笔、自由钢笔、矩形、圆角矩形、椭圆、多边形、直线和自定义形状工具。用户在绘制路径过程中，可以通过该工具组快速切换到其他路径工具，而无须再到工具箱中选取。
- 自动添加/删除：勾选该复选框，钢笔工具就具有了智能增加和删除锚点的功能。将"钢笔工具"放在选取的路径上，光标即可变为 状，表示可以增加锚点；而将"钢笔工具"放在选中的锚点上，光标即可变为 状，表示可以删除此锚点。
- 路径布尔运算：此组按钮与选区工具选项栏中的按钮作用一样，可以对路径进行添加、减去、相交等处理。

2. 绘制直线路径

选取"钢笔工具"后，在图像窗口中单击鼠标左键一次确定路径的起始点，用鼠标在下一目标处单击，即可在这两点间创建一条直线段，通过相同操作依次确定路径的相关节点。如果要封闭路径，可以将光标放置在路径的起始点上，当指针变成 🌢.形状时，单击即可创建一条闭合路径。操作及效果如图 7-5 所示。

图 7-5　绘制直线路径

> **提示**　在单击确定路径的锚点位置时，若按住【Shift】键，线段会以 45° 角的倍数移动方向。

3．绘制曲线路径

选择"钢笔工具"后，若需要创建曲线，在单击确定路径锚点时可以按住鼠标左键拖出锚点，这样，两个锚点间的线段即为曲线线段。通过同样的操作，即可绘制出任何形状的曲线路径。操作及效果如图 7-6 所示。

图 7-6　绘制曲线路径

> **提示**　在绘制路径过程中按住【Ctrl】键，这时光标将呈 ▸ 状，拖动方向点或者锚点，即可改变路径的形状。改变方向线的长度或方向，就可以改变锚点间曲线段的斜率，方向线越长，曲线线段也越长；方向线角度越大，曲线线段斜率也越大。

7.2.2　使用"自由钢笔工具"创建路径

使用"自由钢笔工具"创建路径时，需要按住鼠标左键进行移动，松开鼠标左键后就结束了路径的创建。当"自由钢笔工具"移动到起始点时，"自由钢笔工具"的旁边也会出现小圆圈符号，这时松开左键就创建了封闭的路径。如果当前点没有和起始点重合时，按住【Ctrl】键，"自由钢笔工具"的旁边也会出现小圆圈符号，松开左键也会自动连接两端点。

如果要将开放式的路径闭合，只需按住鼠标左键，用"自由钢笔工具"在起始点与终止点之间拖曳出一条路径将这两端连接起来即可。

> **注意**　"自由钢笔工具"创建的路径均为曲线线段，这些线段的锚点调节杆都为拐角式的。

7.2.3 使用"形状工具"创建路径

形状工具是创建路径最主要的工具之一。当右键单击工具箱中的"形状工具"按钮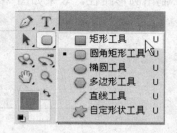时，就会弹出形状工具组菜单，如图 7-7 所示。

> **提示** 形状工具组中预设了很多常用的路径样式，每种样式都可通过选项栏的设置来得到不同效果的路径形状。

图 7-7 形状工具

1. 矩形工具

"矩形工具"□是创建矩形形状的路径工具。在其选项栏中，单击"几何选项"按钮
▽，弹出"矩形选项"框，在"矩形选项"框中对矩形样式进行多种参数设置，以得到所需的矩形样式。选项栏参数如图 7-8 所示。

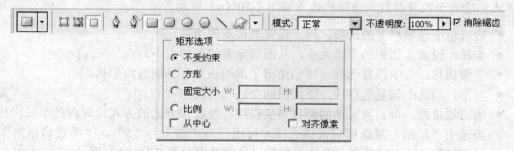

图 7-8 矩形选项栏设置

- 不受约束：这是默认选项，可自由创建出任意长宽比例的矩形路径。
- 方形：创建的矩形路径均为正方形，长宽比例为 1:1。
- 固定大小：可提前设置出矩形路径的宽度和高度。
- 比例：可提前设置出矩形路径的宽度和高度比例。
- 从中心：在创建矩形路径时，都是以鼠标单击的第一个位置为中心开始创建。
- 对齐像素：使路径边缘与像素对齐。

通过矩形工具绘制路径时，只需选择矩形工具，然后在图像窗口中拖动鼠标即可绘制出相应的矩形路径。

2. 圆角矩形工具

"圆角矩形工具"□是创建倒圆角矩形形状的路径工具。"圆角矩形工具"的"圆角矩形选项"参数意义与矩形工具的一样。在选项栏上，还可通过"半径"数值框来设置倒角的幅度，数值越大，产生的圆角效果越明显。绘制"半径"为 15 的矩形路径效果如图 7-9（a）所示。

3. 椭圆工具

"椭圆工具"○是创建椭圆形状的路径工具。可通过"椭圆选项"参数设置来确定创建椭圆的样式与方法。其参数与前面大同小异，其中，"圆（绘制直径或半径）"用于确

定绘制的路径都为圆形，绘制时是以直径来确定圆的大小的。按住【Shift】键不放即可绘制出圆形路径，效果如图 7-9（b）所示。

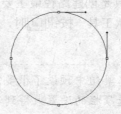

（a）"半径"为 15 的圆角矩形路径   （b）圆形路径

图 7-9　圆角矩形路径和圆形路径

4．多边形工具

"多边形工具" ▣ 是创建有多条边的形状路径工具。在其选项栏中，可设置多边的拐角样式和边的个数等参数。选项栏设置如图 7-10（a）所示。

- 边：位于选项栏上的选项，用于设置多边形的边数。
- 半径：设置多边形的半径大小，从而确定多边形的大小。
- 平滑拐角：选中该复选框，可创建出平滑的拐角，呈倒圆角形状。
- 星形：当选中该复选框后，下面的两个选项将可用。
- 缩进边依据：可设置星形的形状与尖锐度，是以百分比的方式设置内外半径比的。当选中"星形"复选框后，该选项才可用。当"边"为"5"、"缩进边依据"为"50%"时，就可得到标准的五角星，绘制效果如图 7-10（b）所示。
- 平滑缩进：可将缩进的角变为圆角。当选中"星形"复选框后，该选项才可用。

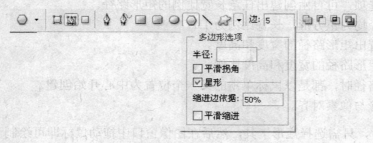
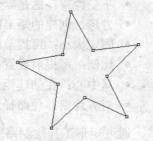

（a）选项栏参数设置   （b）绘制的五角星路径

图 7-10　选项栏设置及绘制的五角星路径

5．直线工具

"直线工具" ◣ 是创建直线形状的路径工具。在其选项栏中，可设置箭头及线的精细，如图 7-11（a）所示。

- 起点：选中该复选框，确定在起点设置箭头。
- 终点：选中该复选框，确定在终点设置箭头。
- 宽度：以百分比表示，设置箭头与宽度的比率。比率越大，箭头就越大。
- 长度：以百分比表示，设置箭头与长度的比率。比率越大，箭头就越大。

- 凹度：设置箭头凹进的程度。
- 粗细：位于选项栏上的选项，用于设置线条的粗细。

如图 7-11（b）所示效果就是设置箭头为"终点"、宽度与长度均为"300%"、凹度为"30%"且粗细为 30px 的箭头路径。

（a）箭头选项设置　　　　　　　　　　　　（b）绘制的箭头

图 7-11　选项栏设置及绘制的箭头路径

6．自定形状工具

"自定形状工具"  为用户预设了很多常用的路径形状，可以通过在"形状"下拉列表中选择或载入相关形状的路径。其操作方法与前面介绍的画笔形状载入、复位、存储等的方法一样，如图 7-12（a）所示。

使用"自定形状工具"绘制路径的操作方法是：在列表框中选择一种自定形状，直接在图像窗口中按住鼠标左键拖动进行绘制。其效果如图 7-12（b）所示。

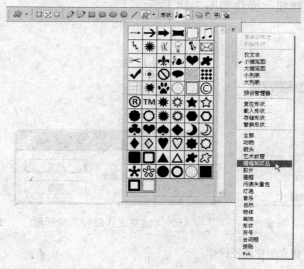

（a）"自定形状工具"选项栏设置　　　　　　（b）绘制的自定形状路径

图 7-12　选项栏设置及绘制的自由形状路径

> **提示**　当需要更多的路径形状时，只需单击列表框右上角的小三角符号 ⊙，在弹出的下拉菜单中选择"载入形状"命令进行添加即可。如果需要恢复到默认样式，可在下拉菜单中选择"复位形状"命令。

7.2.4 选区转换为路径

路径除了直接使用路径工具来创建外，还可将创建好的选区转换为路径，具体方法如下。

方法 1：创建好选区后，在"路径"控制面板底部单击"从选区生成工作路径"按钮 ，就可将选区转换成路径，如图 7-13 所示。

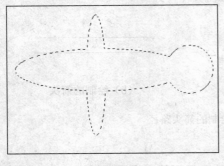
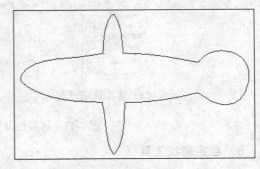

（a）选区 （b）转换成路径

图 7-13 选区转换为路径

方法 2：在选区转换成路径时，还可在"路径"控制面板中单击右上角的 按钮，在弹出的下拉菜单中选择"建立工作路径"命令，弹出"建立工作路径"对话框，然后在对话框中设置"容差"值，并单击"确定"按钮，操作如图 7-14 所示。

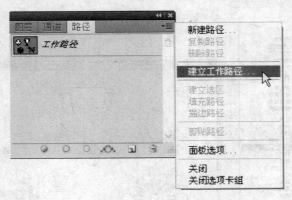

（a）下拉菜单 （b）"建立工作路径"对话框

图 7-14 建立工作路径操作

> **提示** "容差"值范围为 0.5~10 像素。容差值越大，锚点越少，转换成的路径就越不精细。为了得到精细的路径，需要将容差值设置小些，默认值为"2.0"。

7.3 路径的修改

在创建或绘制路径时，一条完美的路径很少一次就能绘制完成，往往需要经过多次修改才能令人满意。

7.3.1　选择路径

在 Photoshop CS5 中，要想编辑路径，首先要选取它。路径选择工具包括"路径选择工具" 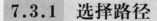 和"直接选择工具" 。点选或框选路径后，被选取的路径即可显出所有的锚点，这时用"路径选择工具"或"直接选择工具"编辑锚点、方向线来改变路径的形状。

1. 路径选择工具

"路径选择工具" 用于选取一个或多个路径，并可对其进行移动、组合、对齐、分布和复制变形。用"路径选择工具"选取目标路径后，即可激活该工具的选项栏，如图 7-15 所示。通过该选项栏可以对路径进行显示定界框、布尔运算、对齐和分布等编辑操作。

布尔运算按钮　　　　　路径对齐按钮　　　路径分布按钮

图 7-15　"路径选择工具"选项栏

2. 直接选择工具

"直接选择工具" 主要用于移动或调整路径上的锚点和线段。使用"路径选择工具"选取目标路径后，如果路径中所有锚点均以实心显示，表示选取的是整条路径；如果锚点均以空心显示，则表示还不能用"直接选择工具"进行锚点的编辑。

> **提示**　当利用"路径选择工具"和"直接选择工具"选取路径后，可以利用键盘上的方向键←、↑、→、↓来等距离地平移路径。当选取了目标锚点时，同样也可用此方法移动锚点。

7.3.2　添加/删除锚点

在路径中可以随时根据编辑需要，对路径中的锚点进行添加或删除。

1. 添加锚点工具

选择"添加锚点工具" ，在路径上单击鼠标左键即可添加一个锚点。

2. 删除锚点工具

选择"删除锚点工具" ，在路径的锚点上单击即可删除该锚点。

> **提示**　使用"添加锚点工具"时，按住【Ctrl】键移动光标到路径锚点上，则切换到"删除锚点工具" 。使用"删除锚点工具"时，按住【Ctrl】键移动光标到路径锚点上，则会切换到"添加锚点工具" 。

7.3.3　转换点工具

利用"转换点工具" 在直线锚点上拖动，可将该锚点直线属性转换为曲线属性；用"转换点工具" 在曲线段锚点上单击，又可以将该锚点的曲线属性转换为直线属性，如图 7-16 所示。

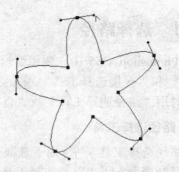

（a）直线锚点属性 　　　　　　　　　　（b）曲线锚点属性

图 7-16　直线转换为曲线

　　当用"转换点工具"拖动锚点转换锚点为曲线属性时，该曲线锚点的类型为对称锚点，它使该锚点两端的线段具有同样的曲率。在对称锚点的方向点上单击并拖曳，可以将对称锚点转换为尖突锚点，尖突锚点使该锚点两端的曲线可以呈锐角弯曲。

> **提示**　　其实对于路径的所有编辑操作，仅仅通过"钢笔工具"就可以完成。将"钢笔工具"放置到路径上时，即可临时切换到"添加锚点工具"；将"钢笔工具"放置到锚点上，"钢笔工具"将变成"删除锚点工具"，如果此时按住【Alt】键，则"删除锚点工具"又会变成"转换点工具"；在使用"钢笔工具"时，如果按住【Ctrl】键，"钢笔工具"又会切换到"直接选择工具"。

7.4　路径的编辑

　　创建好路径后，可以对路径进行描边、填充颜色或图案等操作。利用路径选择对象后，还可将路径转换为选区。

7.4.1　路径转换为选区

　　在 Photoshop CS5 中选区可以转换为路径，路径也同样可以转换为选区。将路径转换为选区的方法如下。

Step 01　选择路径工具，在图像窗口中绘制出相关的路径，效果如图 7-17（a）所示。

Step 02　单击"路径"面板右上角的 ▤ 按钮，在弹出的下拉菜单中选择"建立选区"命令，打开"建立选区"对话框，操作如图 7-17（b）所示。

Step 03　在"建立选区"对话框中，输入选区的羽化半径，如 1 像素，然后单击"确定"按钮，操作如图 7-18（a）所示。

Step 04　经过以上步骤操作后，路径转换为选区的效果如图 7-18（b）所示。

（a）绘制的路径

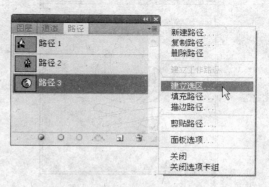

（b）选择"建立选区"命令

图7-17 操作示意图（一）

（a）设置羽化半径

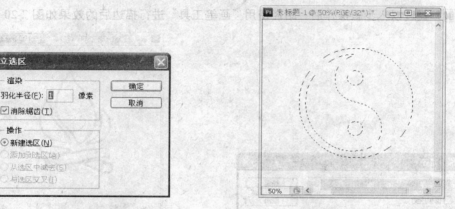

（b）转换为选区后的效果

图7-18 操作示意图（二）

> **提示**　当绘制好路径后，用户也可以单击"路径"面板下的"将路径作为选区载入"按钮 ，将路径直接转换为选区。

7.4.2　描边路径

　　画笔工具可以使用前景色沿路径进行描边，描边的粗细及样式效果由画笔类工具的设置决定，具体操作方法如下。

Step 01 选择"画笔工具"，对路径描边的形状及相关参数进行设置，并设置好描边的前景颜色，然后选择"自定形状路径"中的"营火"形状路径，在图像窗口中绘制出相关的路径，效果如图7-19（a）所示。

Step 02 单击"路径"面板右上角的 按钮，在弹出的下拉菜单中选择"描边路径"命令，打开"描边路径"对话框，操作如图7-19（b）所示。

Step 03 在"描边路径"对话框中，选择设置的描边工具，如画笔，然后单击"确定"按钮，操作如图7-20（a）所示。

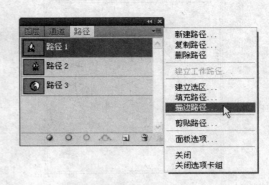

（a）绘制的路径　　　　　　　　　（b）选择"描边路径"命令

图 7-19　操作示意图（三）

Step 04　经过以上步骤操作后，路径使用"画笔工具"进行描边后的效果如图 7-20（b）所示。

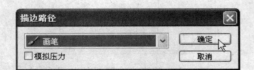

（a）选择描边工具　　　　　　　　　（b）路径描边后的效果

图 7-20　操作示意图（四）

> **提示**　当绘制好路径后，用户也可以单击"路径"面板下的"用画笔描边路径"按钮 ⬭ ，将路径直接以默认画笔样式进行描边。

7.4.3　填充路径

　　填充路径的操作方法与填充选区的方法有点类似，都可以填充纯色或图案，作用的效果也相同，只是操作方法不同而已。下面以制作一幅插画为例，介绍填充路径的具体使用方法。

Step 01　打开素材文件"7-1.psd"，在"路径"面板中单击选择工作路径，窗口中显示的路径如图 7-21（a）所示。

Step 02　设置前景色为"肉色"（R255、G218、B193），在"图层"面板中选择"背景"图层，单击面板底部的"创建新图层"按钮，新建"图层 1"，如图 7-21（b）所示。

Step 03　单击"路径"面板底部的"用前景色填充路径"按钮 ⬤ ，用当前设置的前景色填充路径，如图 7-22（a）所示。

（a）素材文件

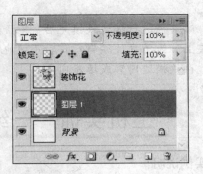

（b）新建图层

图 7-21　操作示意图（五）

Step 04 在"路径"面板的灰色空白位置处单击鼠标，隐藏工作路径，图像窗口中显示的效果如图 7-22（b）所示。

（a）用前景色填充路径

（b）填充后的效果

图 7-22　操作示意图（六）

提示　　新建图层后，按住【Alt】键的同时单击"路径"面板底部的"用前景色填充路径"按钮，将弹出"填充路径"对话框。单击"使用"选项右侧的下拉按钮，在弹出的下拉列表中可以选择一种方式作为填充路径的内容，例如前景色、背景色和图案。若选择"图案"选项，则可在"自定图案"下拉列表中选择一种图案，单击"确定"按钮，可对路径填充图案，如图 7-23 所示。

图 7-23　用图案填充路径

注意 对路径进行描边或填充后，其颜色及图案内容默认显示在"图层"面板中的"背景"图层上。为了方便编辑操作，用户也可以在描边或填充路径前，新建一个单独的图层，用于存放描边内容或填充内容。

7.5 上机实训——绘制卡通熊猫

实例说明

本实例主要使用路径工具绘制卡通熊猫。首先使用路径工具勾画出熊猫的轮廓，然后将路径转换为选区，最后填充颜色，最终效果如图 7-24 所示。

图 7-24 卡通熊猫

原始文件：	无
结果文件：	结果文件\第 7 章\7-2.psd
同步视频文件：	同步教学文件\第 7 章\7.5 上机实训——绘制卡通熊猫.mp4

学习目标

通过对本例的学习，用户可以掌握路径在设计中的综合应用技能，包括路径的创建方法、路径的编辑、路径与选区的转换技巧，以及填充技能。本实例的具体操作步骤如下。

Step 01 新建一个"宽度"为 600 像素、"高度"为 600 像素、"背景内容"为"白色"的一个文件，如图 7-25（a）所示。

Step 02 设置前景色的参数为（R186、G103、B159），按【Alt+Delete】快捷键填充背景，使用工具箱中的"椭圆工具"在图像中创建路径，如图 7-25（b）所示。

Step 03 使用【Ctrl+Enter】快捷键将路径转换为选区，新建"图层 1"，设置前景色为"白色"，使用【Alt+Delete】快捷键填充选区，使用【Ctrl+D】快捷键取消选择，如图 7-26（a）所示。

Step 04 新建"图层 2"，将"图层 2"放置"图层 1"下方，使用"椭圆工具"绘制路径，效果如图 7-26（b）所示。

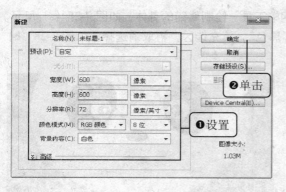 

（a）"新建"对话框　　　　　（b）创建路径

图 7-25　操作示意图（七）

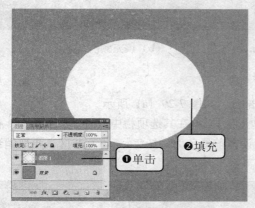

（a）填充颜色　　　　　（b）新建图层并创建路径

图 7-26　操作示意图（八）

Step 05　将路径转换为选区，设置前景色为"黑色"，填充选区，再取消选择，如图 7-27（a）所示。

Step 06　使用同样的方法，绘制熊猫五官的部分，如图 7-27（b）所示。

（a）填充颜色　　　　　（b）绘制五官

图 7-27　操作示意图（九）

Step **07** 新建"图层5"，使用工具箱中的"钢笔工具"绘制熊猫的身体，如图7-28（a）所示。

Step **08** 将路径转换为选区，设置前景色为"黑色"，填充选区，再取消选择，如图7-28（b）所示。

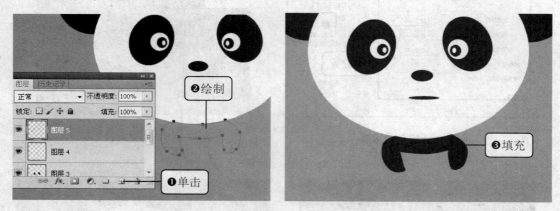

（a）创建路径　　　　　　　　　　　　　（b）填充颜色

图 7-28　操作示意图（十）

Step **09** 使用同样的方法，绘制完成熊猫的身体部分，如图7-29（a）所示。

Step **10** 新建"图层8"，选择工具箱中的"多边形工具"，在其选项栏中设置"边"为3，在图像中创建路径，将路径转换为选区，设置前景色为"红色"，填充选区，再取消选择，如图7-29（b）所示。

（a）绘制身体　　　　　　　　　　　　　（b）绘制头顶装饰

图 7-29　操作示意图（十一）

Step **11** 新建"图层9"，在三角形上方绘制圆形，填充白色，卡通小动物熊猫绘制完成，整体效果参见图7-24。

7.6 本章小结

本章主要介绍了路径的使用。首先讲解了路径的组成、路径的分类，以及直线、曲线、锚点、方向线四者的关系，然后详细地介绍了如何创建直线路径、曲线路径，以及自定义形状中相关路径的创建方法，最后介绍了路径的控制与编辑修改等方面的内容。

7.7 本章习题

1. 选择题

（1）下列哪个工具不能创建路径？（　　　）

    A. 铅笔工具　　　　　　　　　　B. 钢笔工具
    C. 直线工具　　　　　　　　　　D. 矩形工具

（2）下列哪个工具可以在路径上添加和减少锚点？（　　　）

    A. 转换点工具　　　　　　　　　B. 移动工具
    C. 路径直接选择工具　　　　　　D. 钢笔工具

（3）下列哪个工具可以完成锚点类型的转换？（　　　）

    A. 添加锚点工具　　　　　　　　B. 钢笔工具
    C. 转换点工具　　　　　　　　　D. 自由钢笔工具

（4）在"钢笔工具"状态下，按住下列哪个键，可以临时切换到"转换点工具"？（　　）

    A. Shift　　　　　　　B. Ctrl　　　　　　　C. Tab　　　　　　　D. Alt

2. 判断题

（1）路径其实就是一条线段，可以打印出来。（　　　）
（2）创建的路径既可以是封闭式的，也可以是开放式的。（　　　）
（3）创建的路径可以通过"自由变换"命令对大小进行变换，但不能调整路径的位置。（　　　）
（4）路径可以转换成选区，但是选区不能转换成路径。（　　　）
（5）如果是开放式的路径，在进行填充时路径将会自动封闭。（　　　）

3. 上机操作

（1）利用路径的相关知识，制作如图 7-30 所示的霓虹灯文字效果。

操作提示："霓虹灯"效果主要是应用了画笔描边路径命令，以及对画笔的特殊设置。要得到文字字样的路径，先用文字工具输入文字，再载入文字的选区，单击"路径"控制面板底部的"从选区生成工作路径"按钮，将选区转换为路径，沿文字边缘创建文字形状的路径。路径创建好后，再新建一个层，作为霓虹灯制作的图层。将画笔的大小和硬度设置好，其中，画笔的硬度一定不要是 100%，这样才会做出边缘光线朦胧的效果。颜色的选择是从外到内，外面的颜色用较深的颜色，并且画笔要稍大些。描完外层的颜色后，再描里层的，颜色要亮些，画笔要比外层的小些。以此类推，可以一层一层地描出霓虹灯效果。对于需要调整的模糊度，可用模糊工具加以修改。

图 7-30　霓虹灯文字效果

（2）打开素材文件"7-2.psd"，使用工具箱中的"椭圆工具"创建路径，如图 7-31（a）所示。将路径转换为选区，并填充色彩，如图 7-31（b）所示。

（a）素材原文件　　　　　　　　　　　（b）添加素材后的效果

图 7-31　操作示意图（十二）

第8章

创建与编辑文字

在平面设计作品中，文字是不可缺少的元素，高水平的文字排版能够实现锦上添花，起到美化作品的效果。

本章主要介绍文字工具的应用，掌握点文本、段落文本、文字蒙版的创建与应用，能对文字进行各类排版和特殊效果的处理。掌握它们之间参数设置的异同，在图像的编辑操作中能自由灵活地应用这些工具。

本章知识点

◎ 创建点文字

◎ 创建段落文字

◎ 创建蒙版文字

◎ 文字的编辑

8.1 创建点文字

在 Photoshop 中文字的输入是通过使用"文字工具"来实现的。文字工具位于工具箱的中部，由横排文字工具 **T**、直排文字工具 **|T** 和横排文字蒙版工具 **T** 及直排文字蒙版工具 **|T** 4 个工具组成。

8.1.1 点文字的输入

在图像中的任何位置创建横排文字或直排文字，根据使用文字工具的不同方法，可以输入点文字或段落文字。点文字对于输入一个字或一行字符很有用，段落文字对于以一个或多个段落的形式输入文字，并设置格式非常有用。

点文字指的是在图像窗口中输入单独的文本行，点文字行会随着文字的不断输入而不断地向窗口右侧延伸，而且不换行。具体操作方法如下。

Step 01 选择工具箱中的文字工具，如"横排文字工具" **T**，在文字工具选项栏（见图 8-1）中单击"字体"下拉列表框，选择需要的文字字体，如方正毡笔黑简体，在后面文字大小框中设置文字大小，如 24，单击后面的"颜色"按钮，弹出"拾色器"对话框，选择文字颜色。

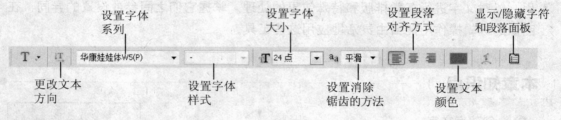

图 8-1　文字工具选项栏

Step 02 经过上步操作后，在图像窗口中需要输入文字的位置单击鼠标左键，确定文字输入的起点，然后进行文字内容的录入即可，操作如图 8-2（a）所示。

Step 03 当输入完毕后，单击选项栏上的"提交所有当前编辑"按钮 √，或者按【Ctrl + Enter】快捷键，这样就完成了文字的输入。在"图层"面板中自动新建一个图层存放文字，面板效果如图 8-2（b）所示。

> **提示**　如果需要取消输入的文字，可单击选项栏上的"取消所有当前编辑"按钮 ⊘，或者按【Esc】键，这样就取消了文字的输入。点文本不能自动换行，当需要换行时，必须按【Enter】键。

（a）输入文字

（b）"图层"面板

图 8-2　输入点文字

8.1.2　编辑点文字

在图像中输入文字内容后，还可以进行相关的编辑，如更改文字字体、文字大小等格式。

1．改变字体

用文字工具选择要改变字体的文字，如果要改变当前层的所有文字字体，可选择文字工具。在选项栏中的"字体"下拉列表中选择字体即可。

2．改变大小

用文字工具选择要改变字号的文字，如果要改变当前层的所有文字字号，可选择文字工具。在选项栏中的"字体大小"下拉列表中选择字体大小即可。

> **提示**　要改变文字大小，也可以使用"编辑"菜单中的"自由变换"命令，或者按【Ctrl+T】快捷键对文字进行缩放操作。

3．"字符"面板

单击文字工具选项栏上的"显示/隐藏'字符和段落'面板"按钮圖，显示出"字符和段落"面板。在面板中选择"字符"选项卡，可对文字进行一系列的设置，包括字体、大小、颜色、行距、字符间距、大/小写等，其中常用参数如下。

- 设置字体大小圖：可在数值框中直接输入数字设置字体的大小。
- 设置行距圖：设置多行文字间的行距，数值越大，行距越大。
- 设置垂直缩放圖：修改字符的高度，使字符不成比例改变高度。
- 设置水平缩放圖：修改字符的宽度，使字符不成比例改变宽度。
- 设置字符间的比例间距圖：比例值越大，间距越小。
- 设置字符间距圖：修改每个字符间的间距距离，数值越大，间距就越大。
- 字距微调圖：对两个字符的间距距离进行微调。
- 设置基线偏移圖：修改字符偏移基准线的距离，正数值为向上偏移，负数值为向下偏移。

"字符"面板参数设置如图 8-3（a）所示，设置后的文字效果如图 8-3（b）所示。

（a）设置"字符"面板参数

（b）文字效果

图 8-3 操作示意图（一）

8.1.3 文字载入路径

将文字载入路径，是一种非常有用的特殊效果。在应用这种效果时，需要先创建一个路径。具体方法如下。

Step 01 选择工具箱中的"钢笔工具" ，然后在图像窗口中，根据需要绘制出一条路径，操作如图 8-4（a）所示。

Step 02 创建好路径后，选择文字工具，将光标放到路径边缘上，当光标变为 形状时，单击鼠标左键输入文字，输入的文字将沿路径方向追加排列，效果如图 8-4（b）所示。

（a）绘制路径

（b）在路径中输入文字

图 8-4 操作示意图（二）

> **提示** 在输出图像时，路径不会被输出。另外，在"路径"控制面板中，也可取消路径的显示，只显示载入路径后的文字，这些对制作特效文字都非常有用。

8.1.4 点文字转换为段落文字

输入的点文本也可以转换为段落文本。方法是选择"图层→文字→转换为段落文本"菜单命令，操作方式如图 8-5 所示。

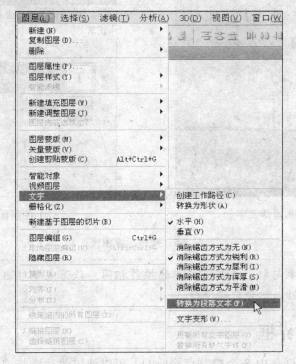

图 8-5 点文本转换为段落文本的方法

8.2 创建段落文字

段落文本是 Photoshop CS5 文字编辑中另一重要的文本对象。段落文本与点文字的输入、编辑非常类似，利用"段落"面板及其面板菜单可以完成段落文本的所有编辑。

8.2.1 段落文字的输入

Photoshop CS5 的段落文本都保留在被称为文本框的框架中，在该框中输入的段落文本会根据框架的大小、长宽自动换行，当输入的段落文字超出了该框架所能容纳的文字数量，则在框架右下角会出现一个图标 ⊞，提醒用户有多余的文本没有显示出来。具体操作方法如下。

Step 01 选择工具箱中的文字工具，如"横排文字工具"**T**，在文字工具选项栏中单击"字体"下拉列表框，选择需要的文字字体，在后面文字大小框中输入文字大小，单击后面的"颜色"按钮，弹出"拾色器"对话框，选择文字颜色。

Step 02 按住鼠标左键拖出一个矩形定界框，松开左键后，就会在定界框的左上角出现输入提示符，此时直接输入文字即可，如图 8-6（a）所示。

Step 03 当输入完毕后，单击选项栏上的"提交所有当前编辑"按钮☑，或者按【Ctrl＋Enter】快捷键，这样就完成了文字的输入。在"图层"面板中自动新建一个图层存放文字，图层面板效果如图 8-6（b）所示。

（a）输入段落文字 （b）图层面板效果

图 8-6　操作示意图（三）

> **提示** 段落文本的结束与取消，与点文本的操作相同。段落文本能自动换行，当文字输入到定界框的边缘时，就会自动换行。

8.2.2 编辑定界框

段落文本的定界框是由 8 个控制点构成的，可以通过改动这些控制点来对定界框进行自由变换，这与前面讲的"自由变换"命令类似。

1. 改变定界框大小

将光标移动到定界框中任一个控制点，都可改变定界框的大小，如图 8-7（a）所示。当在定界框的 4 个角点进行拖拉改变大小时，可对定界框的长度和宽度同时改变。如果需要成比例地改变大小，按住【Shift】键进行拖拉即可，如图 8-7（b）所示。

（a）横向缩小 （b）成比例放大

图 8-7　改变定界框大小

提示

定界框改变大小后，文字本身不会跟着变大或变小。

2. 旋转定界框

将光标移动到控制点旁边时，指针会变成 🔄 形状，这时，就可自由旋转定界框的角度了。按住【Shift】键旋转时，可按 15° 的倍数进行旋转，如图 8-8（a）所示。

3. 改变定界框倾斜角度

将光标放到定界框一边中心的控制点，按住【Ctrl】键，当指针变成 ▷ 形状时，这时可对定界框进行任意角度的倾斜，如图 8-8（b）所示。

（a）旋转定界框 （b）倾斜定界框

图 8-8 旋转角度和倾斜定界框

8.2.3 编辑段落文字

段落文本的字体、文字大小、颜色、间距、行距等方面的编辑操作与点文本一样。另外，在"段落"面板中，段落文本还有以下一些特性。"段落"面板如图 8-9 所示。

在"段落"面板中，其相关参数作用及含义如下。

- 左对齐文本 ▤：文本居左对齐。
- 居中对齐文本 ▤：文本居中间对齐。
- 右对齐文本 ▤：文本居右对齐。
- 最后一行左对齐 ▤：最后一行居左对齐。
- 最后一行居中对齐 ▤：最后一行居于中间对齐。
- 最后一行右对齐 ▤：最后一行居右对齐。
- 全部对齐 ▤：所有行的两端都对齐。
- 左缩进 ▪▤：设置段落文本左边缩进的距离。
- 右缩进 ▤▪：设置段落文本右边缩进的距离。
- ▤ 首行缩进：设置段落文本首行缩进的距离。

图 8-9 "段落"面板

- 段前添加空格：段落前面所留的距离。
- 段后添加空格：段落后面所留的距离。

8.2.4 段落文字转换为点文字

段落文本也可转换为点文本。方法是选择“图层→文字→转换为点文本”菜单命令，操作方法如图 8-10 所示。

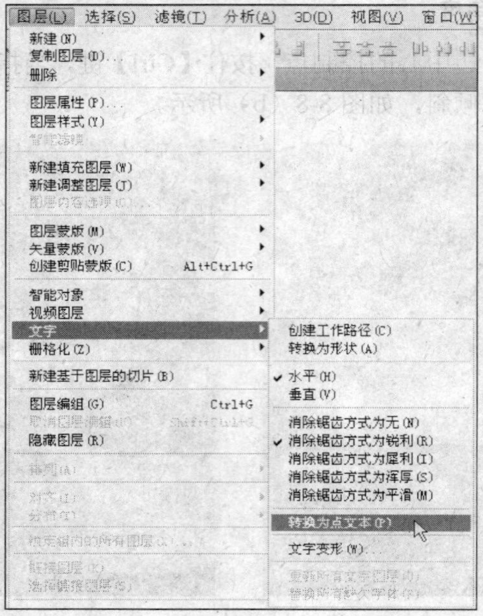

图 8-10 段落文本转换为点文本的方法

8.3 创建蒙版文字

文字蒙版与快速蒙版极其相似，即都是一种临时性的蒙版。通过横排文字蒙版或竖排文字蒙版工具都可以快速创建出文字选区。

8.3.1 创建横排蒙版文字

选取“横排文字蒙版工具”，在图像中单击并输入文本，即可得到横排文字蒙版选区。文字蒙版不是单独创建一个新图层，而是将用户输入的文本在当前图层中创建为选区。其显示方式仍以闪动虚线来表现，与普通选区无二。

Step 01 选择工具箱中的“横排蒙版文字工具”，在文字工具选项栏中单击“字体”下拉列表框，选择需要的文字字体，在后面文字大小框中输入文字大小。

Step 02 经过上步操作后，在图像窗口中需要输入文字的位置上单击鼠标左键，确定文字输入起点，然后进行文字内容的录入即可，如图 8-11（a）所示。

Step 03 当输入完毕后，单击选项栏上的“提交所有当前编辑”按钮，或者按【Ctrl＋Enter】快捷键，这样就完成了蒙版文字的输入，效果如图 8-11（b）所示。

（a）输入文字　　　　　　　　　　（b）横排蒙版文字效果

图 8-11　创建横排蒙版文字

提示　当文字蒙版选区处于红色蒙版状态时，可对其进行所有字符格式化操作。而当取消蒙版状态时，仅能对其应用诸如变换、填充、描边等选区属性的编辑操作。

8.3.2　创建竖排蒙版文字

直排文字蒙版是由"直排文字蒙版工具"创建的，与横排文字蒙版工具的操作一样。不同的是，"直排文字蒙版工具"创建的文字蒙版为纵向排列的文字蒙版。

8.4　文字的编辑

在图像窗口中输入好文字后，还可以对文字进行一些特殊的效果处理，如文字变形、应用文字样式、栅格化文字等。

8.4.1　设置文字变形

文字的变形就是将选取的文字进行各种扭曲，以产生不同形状的文字效果。给文字创建变形样式的方法如下。

Step 01　单击激活工具箱中的文字工具，显示出文字工具选项栏，单击选项栏中的"创建文字变形"按钮，打开"变形文字"对话框，如图 8-12（a）所示。

Step 02　在"变形文字"对话框中，打开"样式"下拉列表，选择变形样式，如"贝壳"，然后根据需要，调整贝壳变形的相关参数，如弯曲度等，设置好后，单击"确定"按钮。文字变形效果如图 8-12（b）所示。

当选择一种样式后，"变形文字"对话框中的参数设置便可用，具体参数含义如下。

● 水平：设置变形的中心轴为水平方向，当为负数时，为反方向变形。
● 垂直：设置变形的中心轴为垂直方向，为反方向变形。
● 弯曲：设置变形时的弯曲度。数值越大，弯曲程度就越大，为反方向变形。
● 水平扭曲：设置在水平方向上产生的扭曲程度，为反方向变形。
● 垂直扭曲：设置在垂直方向上产生的扭曲程度，为反方向变形。

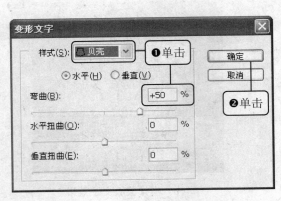

（a）设置文字变形

（b）文字变形效果

图 8-12　创建文字变形

当要取消文字变形效果时，在选项栏中单击"创建文字变形"按钮，弹出"变形文字"对话框，在"样式"下拉列表中选择"无"即可。

8.4.2　应用文字样式

在图像中输入文字内容后，也可以对文字图层应用相关的图层样式，以创建特殊文字效果。给文字图层添加图层样式的方法和普通图层一样，而且文字属性不会改变，仍可以进行文字的编辑与排版。对文字图层应用图层样式的方法如下。

Step 01 执行"窗口→样式"命令，显示出"样式"控制面板。

Step 02 选择要应用样式的文字图层，在"样式"面板中选择一种样式效果即可。操作及文字效果如图 8-13 所示。

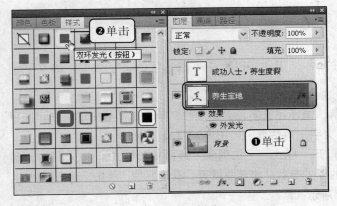

（a）选择文字样式

（b）应用样式后的文字效果

图 8-13　应用文字样式

> **提示**　对文字应用样式，除了直接可以从"样式"面板的样式库中选择外，还可以选择文字图层，在打开的"图层样式"对话框中进行更加丰富和准确的样式设置。

8.4.3 栅格化文字

直接在图像中选择文字工具输入的点文字和段落文字是矢量图文字。将文字栅格化后，文字就由矢量图变为位图了，这样有利于使用滤镜等其他命令，以便制作更丰富的文字效果。文字被栅格化后，就不能再返回矢量文字的可编辑状态，也就不存在字体的约束了。栅格化文字的方法如下。

方法1：选择要栅格化的文字图层，执行"图层→栅格化→文字"菜单命令即可。如图 8-14（a）所示为文字未栅格化的"图层"面板效果，图 8-14 所示为文字栅格化的"图层"面板效果。

（a）原文字图层　　　　　　　　　　　　（b）栅格化后的文字图层

图 8-14　栅格化文字

方法2：在"图层"控制面板中，将鼠标指针指向文字图层上并单击右键，在弹出的快捷菜单中选择"栅格化文字"命令也可将快速文字栅格化图层。

> **注意**　对文字图层进行栅格化后，其图像中的文字效果没有发生变化，只是将文字的属性由矢量图属性转换为位图属性，以便更好地进行文字效果处理。并不是所有的文字图层都需要栅格化，创建的蒙版文字选区无法使用"栅格化"命令。

8.5　上机实训——制作石壁雕刻字

实例说明

本例效果如图 8-15 所示。在制作时，首先是在一幅石壁图像上输入文字，然后对文字进行大小调整及文字变形，对文字应用图层样式中的"斜面浮雕"效果，以便具有立体感，最后通过图层混合模式让文字与石壁背景叠加在一起，形成逼真的石上雕刻效果。

原始文件：	素材文件\第 8 章\8-01.jpg
结果文件：	结果文件\第 8 章\8-01.psd
同步视频文件：	同步教学文件\第 8 章\8.5 上机实训——制作石壁雕刻字.mp4

图 8-15 雕刻文字效果

🔖 **学习目标**

通过对本例的学习，用户可以学会特效文字的简单制作方法，同时复习并深入掌握文字的输入方法，文字编辑与变形方法，图层样式的应用，以及图层混合模式等知识的应用技巧。

Step 01 选择"文件→打开"命令，弹出"打开"对话框，打开文件名为"8-01.jpg"的文件，效果如图 8-16（a）所示。

Step 02 在工具箱中选择"横排文字工具" **T**，在选项栏的字体中选择一种字体，如特粗黑体，适当设置文字大小，将文字颜色设置为"黑色"。然后在图像窗口中输入"赤壁"二字，效果如图 8-16（b）所示。

（a）素材图片　　　　　　　　　　　　　　（b）输入文字

图 8-16 打开素材并输入文字

Step 03 选择文字图层，单击文字工具选项栏中的"创建文字变形"按钮 ，打开"变形文字"对话框。打开"样式"下拉列表，选择"膨胀"样式，然后单击"确定"按钮。操作及文字效果如图 8-17 所示。

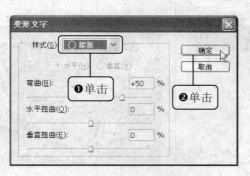

（a）设置文字变形　　　　　　　　　　　　（b）文字膨胀效果

图 8-17　对文字进行变形

Step 04 按【Ctrl + T】快捷键，对文字大小进行缩放，并适当调整文字位置。调整好后按【Enter】键确认变换操作，效果如图 8-18（a）所示。

Step 05 选择文字图层，选择"图层→图层样式→斜面和浮雕"命令，打开"图层样式"对话框。在对话框右边"结构"栏的"样式"下拉列表中，选择"枕状浮雕"样式，将"深度"设置为 260%，"方向"选择"上"单选按钮，设置"大小"为 10 像素、"软化"为 1 像素。在"阴影"栏中，将"角度"设置为 30 度，其他参数默认，然后单击"确定"按钮，如图 8-18（b）所示。

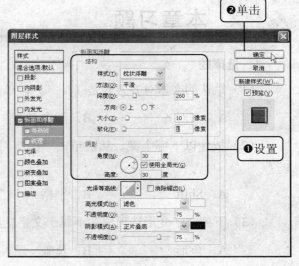

（a）调整文字大小及位置　　　　　　　　　　（b）设置"枕状浮雕"文字

图 8-18　对文字进行变形（二）

Step 06 经过上步操作，文字图层就应用了设置的浮雕效果，如图 8-19（a）所示。在"图层"面板中，选择"滤色"混合模式，即可得到雕刻文字效果，如图 8-19（b）所示。

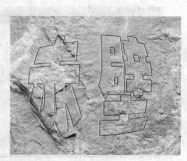

（a）浮雕文字　　　　　　　　（b）文字"滤色"混合模式效果

图 8-19　设置雕刻文字

8.6　本章小结

本章主要讲述的是怎样使用文字工具输入美术文字和段落文字，以及如何设置文字的样式和将文字进行变形处理，使它和图像搭配得更加和谐、统一。

设置文字属性时，可以插入光标后在选项栏中进行设置，也可以在输入文字后选择工具箱中的"横排文字工具"，然后在选项栏中设置。

8.7　本章习题

1．选择题

（1）默认的文本对齐方式是（　　　），单击相应的按钮可以使文本左对齐。

　　　A．右对齐　　　　　　B．居中对齐　　　　　C．左缩进　　　　D．左对齐

（2）按住以下哪个键，然后单击"图层"面板中的文字图层即可得到文字的轮廓选区？（　　　）

　　　A．Shift　　　　　　B．空格　　　　　　C．Ctrl　　　　D．Alt

（3）下列文字变形选项中，不属于文字变形的是：（　　　）

　　　A．鱼形　　　　　　B．鱼眼　　　　　　C．扭转　　　　D．波浪

（4）下列哪项不属于文字属性？（　　　）

　　　A．字体　　　　　　B．字号　　　　　　C．文字颜色　　　　D．球化

2．填空题

（1）当输入完毕后，单击选项栏上的"提交所有当前编辑"按钮，或者按【　　　　】快捷键就可完成文字的输入。

（2）要改变文字大小，也可以使用"编辑"菜单中的"＿＿＿＿＿＿"命令，或者按【Ctrl＋T】快捷键对文字进行缩放操作。

（3）将光标移动到控制点旁边时，鼠标指针会变成 ↻ 形状，这时，就可自由旋转定界框的角度了。按住【＿＿＿＿＿】键旋转时，可按 15° 的倍数进行旋转。

3．上机操作

使用文字工具，并结合图层操作的相关知识，制作如图 8-20 所示的立体阴影文字效果。

图 8-20　立体阴影文字

第9章

学习强大的滤镜功能

滤镜功能是 Photoshop CS5 中最奇妙的部分，它能够为图像添加特殊效果，拥有更广阔的设计空间。本章将主要讲解滤镜的种类和各种滤镜的应用。通过本章的学习，能够熟练地综合应用各种滤镜对图像进行特效处理。

本章知识点

◎ 认识滤镜

◎ 独立滤镜的使用

◎ 其他滤镜的使用

9.1 认识滤镜

滤镜来源于摄影中的滤光镜，应用滤光镜可以改善图像和产生特殊的效果。滤镜可以说是 Photoshop 图像处理软件的灵魂，很多精美的图像效果都是结合滤镜来实现的。

9.1.1 什么是滤镜

简单地说，滤镜就是 Photoshop CS5 提供的一种图像处理的艺术效果。当选择一种滤镜，并将其应用到图像中时，滤镜就会通过分析整幅图像或选择区域中的每个像素的色度值和位置，采用数学方法计算，将计算结果代替原来的像素，从而使图像产生随机化或预先确定的效果。

> **注意** 滤镜在计算过程中将占用相当大的内存资源，因此，在处理一些较大的图像文件时非常耗费时间，有时还可能会弹出对话框，提示系统资源不够。

9.1.2 滤镜的基本操作

滤镜的应用是否恰到好处取决于对滤镜的熟练程度，以及丰富的想象力。只有在不断实践中积累经验，才能创作出具有迷幻色彩的电脑艺术作品。

1. 执行"滤镜"命令

打开需要处理的图像文件，或者选择需要处理所在的图层或部分图像区域，单击"滤镜"菜单中相应的滤镜，在其下一级子菜单中执行相关的滤镜命令。例如执行"滤镜→模糊→动感模糊"命令，如图 9-1 所示，弹出的"动感模糊"对话框如图 9-2 所示。

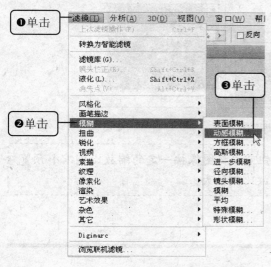

图 9-1 执行"动感模糊"命令

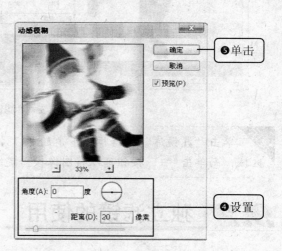

图 9-2 "动感模糊"对话框

2. 设置滤镜参数

在弹出的对话框中设置相应的参数（一部分滤镜将直接应用滤镜效果），如在"动感模糊"对话框中,可以设置"角度"和"距离",其中设置角度就可以改变模糊的方向;设置距离,距离越大,模糊强度越大。

> **提示**　在设置参数的过程中,按住【Alt】键不放,则对话框中的"取消"按钮将变成"复位"按钮,单击"复位"按钮可以将对话框中的参数恢复到初始值。

3．重复滤镜效果

执行某个滤镜命令后,连续按【Ctrl+F】快捷键,则以上次设置的参数值多次重复执行该滤镜;若需对参数进行修改再应用,可以按【Ctrl+Alt+F】快捷键重新设置参数。

4．使用滤镜库

执行"滤镜→滤镜库"命令,弹出"滤镜库"对话框。在对话框中,左侧为图像效果预览区,右侧中间部分为滤镜命令选择区域,通过滤镜选项中的图标,可以选择的滤镜效果,例如单击"素描"中的"水彩画纸"滤镜,如图 9-3 所示。

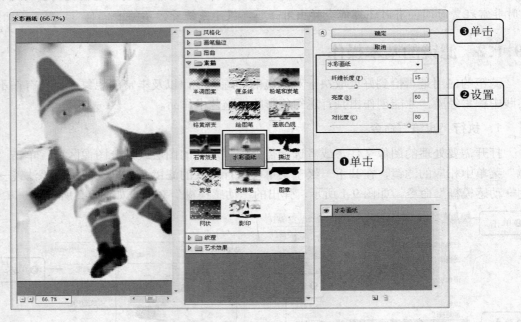

图 9-3　"滤镜库"对话框

> **提示**　单击"滤镜库"对话框左下角的"-"按钮可以将图像按一定的缩放比例缩小预览区域,而单击"+"按钮可以将图像按一定缩放比例放大。

9.2 独立滤镜的使用

在 Photoshop CS5 中,"液化"滤镜和"消失点"滤镜是两个独立滤镜,这两个独立滤镜可以制作出不一样的图像效果。直接选择"滤镜"菜单下的相应命令即可将独立的滤镜打开,然后在打开的对话框中进行设置。

9.2.1 "液化"滤镜

"液化"滤镜可用于推、拉、旋转、反射、折叠和膨胀图像的任意区域，液化滤镜既可以对图像做细微的扭曲变化，也可以对图像进行剧烈的变化，这就使滤镜液化成为修饰图像和创建艺术效果的强大工具。下面介绍具体的操作方法。

Step 01 打开要处理的文件，执行"滤镜→液化"命令，打开"液化"对话框，单击左侧的"膨胀工具"按钮 ◈，设置画笔大小、画笔密度和画笔速率分别为 90、50、80，移动鼠标至人物左眼处单击鼠标，此时鼠标单击处的图像将进行膨胀变形，如图 9-4 所示。

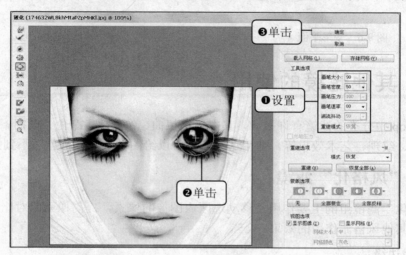

图 9-4　"液化"对话框

Step 02 当图像膨胀变形至一定状态后释放鼠标左键，单击"确定"按钮，观察人物左眼的变化，效果如图 9-5 所示。

膨胀变大

9.2.2 "消失点"滤镜

"消失点"滤镜允许在包含透视平面（例如，建筑物侧面或任何矩形对象）的图像中进行透视调整编辑。下面介绍具体的操作方法。

图 9-5　眼睛液化变形效果

Step 01 打开要处理的图片文件，执行"滤镜→消失点"命令，打开"消失点"对话框。单击"创建平面工具" 🖼，在图像显示区域中单击鼠标，设置变形平面，如图 9-6 所示。

Step 02 拖动控制点调整图像的透视，单击面板左侧的"图章工具" 🔳，在创建的透视平面上按住【Alt】键的同时单击鼠标进行取样，向左移动鼠标，按住鼠标左键并涂抹，将取样点的图像涂抹复制到鼠标拖曳区域，原区域被覆盖，如图 9-7 所示。

> **提示**　使用"消失点"滤镜可以在创建图像选区内进行复制、喷绘、粘贴图像等操作。在进行这些操作时会自动应用透视原理，按照透视的比例和角度自动计算，自动适应对图像的修改。

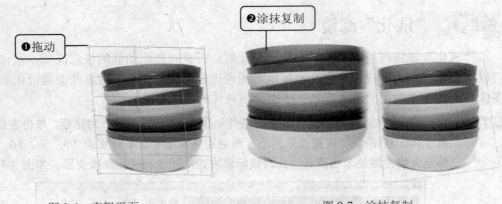

图 9-6　变形平面　　　　　　　　　　　图 9-7　涂抹复制

9.3　其他滤镜的使用

　　Photoshop 中分类的滤镜有许多种，其中包括扭曲、像素化、杂色、模糊、渲染、画笔描边、素描、纹理、艺术效果等，使用这些滤镜可以给图像添加各种意想不到的效果。

9.3.1　"风格化"滤镜

　　"风格化"滤镜组的主要作用是移动选区内图像的像素，提高像素的对比度，使其产生印象派或其他风格派作用的效果。

1. 查找边缘

　　该滤镜可以找出图像的边缘并用深色表现出来。当图像边线部分的颜色变化较大时，可使用粗轮廓线；反之，则使用细轮廓线。

2. 等高线

　　该滤镜可拉长图像的边线部分，找到颜色边线，用阴影颜色表现，其他部分用白色表现。

3. 风

　　该滤镜可以在图像上设置犹如被风吹过的效果，如"风"、"大风"和"飓风"效果。

4. 浮雕效果

　　该滤镜可以在图像上应用明暗来表现浮雕效果，图像的边缘部分显示颜色，以呈现立体感。

5. 扩散

　　该滤镜可以将图像的像素扩散显示来设置绘画溶解的艺术效果。

6. 拼贴

　　该滤镜可以将图像分割成有规则的方块，从而将图像处理成马赛克瓷砖形状，效果如图 9-8 所示。

原图

拼贴效果

图9-8 原图和"拼贴"滤镜的效果

7. 过度曝光

该滤镜可以将图像正片和负片混合，翻转图像的高光部分，产生摄影中曝光过度的效果。

8. 凸出

该滤镜可以使像素挤压出许多正方形或三角形，从而将图像转换为三维立体或锥形，产生三维背景效果。

9. 照亮边缘

该滤镜可以描绘图像的轮廓，调整轮廓的亮度、宽度等，设置出类似霓虹灯的发光效果。

9.3.2 "画笔描边"滤镜

"画笔描边"命令子菜单中包含了 8 种滤镜效果。一般用"画笔描边"命令子菜单中的滤镜来制作线条的绘图效果，使图像具有手绘的感觉。

1. 成角的线条

该滤镜根据一定方向的画笔表现油画效果，设置成对角线角度的图像绘画效果。

2. 墨水轮廓

该滤镜用纤细的线条重绘图像，在颜色边界产生黑色轮廓，从而使图像产生钢笔勾画的效果。

3. 喷溅

该滤镜设置喷枪在图像中进行喷涂，从而使图像产生笔墨喷溅的艺术效果。

4. 喷色描边

"喷色描边"滤镜的效果与"喷溅"滤镜的相似，所不同的是"喷色描边"滤镜可以通过线条长度的设置来产生较强的笔触，还可以选择描边产生的方向。

5. 强化的边缘

该滤镜可以强调图像边缘，在图像的边缘部分进行绘制，即可形成对比强烈的颜色。

6．深色线条

该滤镜可以使图像产生一种很强烈的黑色阴影，利用图像的阴影设置不同的画笔长度，阴影用短线条表示，高光用长线条表示。

7．烟灰墨

该滤镜可以使图像产生一种类似于毛笔在宣纸上绘画的效果。这些效果具有非常黑的柔化模糊边缘。

8．阴影线

该滤镜可以保留原图像的细节和特征，同时使用模拟的铅笔阴影线添加纹理，使图像中色彩区域的边缘变粗糙，效果如图 9-9 所示。

图 9-9　原图和"阴影线"滤镜的效果

9.3.3　"模糊"滤镜

"模糊"滤镜可以对图像进行柔和处理，可以将图像像素的边线设置为模糊状态，在图像上表现出速度感或晃动的感觉。使用选择工具选择特殊图像以外的区域，对其应用模糊效果，以强调突出的图像。

1．表面模糊

该滤镜为 Photoshop CS5 新增的一个滤镜，可制作出将图像的表面突出的模糊效果。

2．动感模糊

该滤镜可以模拟摄像运动，从而使图像产生动态效果。

3．方框模糊

该滤镜可以使图像以小方块的形式进行模糊。

4．高斯模糊

该滤镜可以通过控制模糊半径对图像进行模糊处理，使图像产生一种朦胧的效果。

5．进一步模糊

该滤镜可对图像做强烈的柔化处理，多次应用可使模糊强度更大。

6. 径向模糊

该滤镜可以模拟摄像时旋转相机的聚焦、变焦效果，从而使图像以基准点为中心旋转或放大图像。

7. 镜头模糊

该滤镜能够将图像处理为与相机镜头类似的模糊效果，并且可以设置不同的焦点位置。其效果如图 9-10 所示。

原图　　　　　　　　　　　镜头模糊

图 9-10　原图和"镜头模糊"的效果

8. 特殊模糊

该滤镜可以设置图像按一定角度模糊的效果，以增强图像的运动感。

9. 形状模糊

该滤镜可通过选择的形状对图像进行模糊处理。

9.3.4　"扭曲"滤镜

"扭曲"滤镜可以对图像进行移动、扩展或收缩来设置图像的像素，对图像进行各种形状的变换，如波浪、波纹、玻璃等形状。

1. 波浪

该滤镜可以使图像产生强烈波纹起伏的波浪效果。

2. 波纹

与"波浪"滤镜相似，可以使图像产生波纹起伏的效果。区别在于"波纹"滤镜效果较柔和。

3. 玻璃

该滤镜用于制作一系列细小纹理，产生一种透过玻璃观察图像的效果，如图 9-11 所示。

4. 海洋波纹

该滤镜可在图像的表面生成一种随机性间隔波纹，产生类似于图像置于水下的效果。

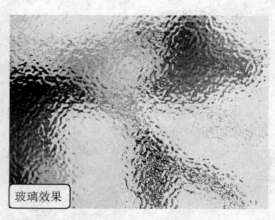

原图

玻璃效果

图 9-11　原图和 "玻璃" 滤镜的效果

5. 极坐标

该滤镜可使图像坐标从直角坐标系转换成极坐标系，或者将极坐标转换为直角坐标。

6. 挤压

该滤镜可以把图像挤压变形、收缩、膨胀，从而产生离奇的效果。

7. 扩散亮光

该滤镜可以让图像产生一种光芒漫射的亮度效果。

8. 切变

该滤镜可以将图像沿用户所设置的曲线进行变形，产生扭曲的图像。

9. 球面化

该滤镜可以将图像挤压，产生图像包在球面或柱面上的立体效果。

10. 水波

该滤镜可以使图像生成类似池塘波纹和旋转的效果。

11. 旋转扭曲

该滤镜可以使图像旋转，生成旋转扭曲图案。

12. 置换

该滤镜是用被称为 "置换图形" 的图像来确定如果扭曲原图像，从而产生不定方向的位移效果。

9.3.5　"锐化" 滤镜

"锐化" 滤镜可以将图像制作得更清晰，使画面的图像更加鲜明，通过提高主像素的颜色对比度使画面更加细腻。

1. USM 锐化

该滤镜可以调整图像的对比度，使画面更清晰。效果如图 9-12 所示。

原图

USM 锐化

图 9-12 原图和 "USM 锐化" 滤镜的效果

2．进一步锐化

该滤镜可对图像实现进一步的锐化，使其产生强烈的锐化效果。

3．锐化

该滤镜通过增加相邻像素的对比度来聚集模糊的图像，使其更清晰。

4．锐化边缘

该滤镜只强调图像边缘部分，表现出细致的颜色对比。一般不用于强调类似颜色，只强调对比强烈的部分。

5．智能锐化

该滤镜可对图像的锐化做智能的调整，精确地设置阴影和高光的锐化效果，移动图像中的模糊效果。

9.3.6　"视频"滤镜

"视频"滤镜属于 Photoshop CS5 中的外部接口程序，用来从摄像机中输入图像或将图像输出到录像带上。

1．NTSC 颜色

该滤镜可以将不同色域的图像转换为电视可接受的颜色模式，以防止过饱和颜色渗过电视扫描行。NTSC 即"国际电视标准委员会"的英文缩写。

2．逐行

该滤镜是通过去掉视频图像中的奇数或偶数交错行，平滑在视频上捕捉到的移动图像。可以选择复制或插值的方式来替换被去掉的行。

9.3.7　"素描"滤镜

"素描"滤镜可以通过钢笔或木炭绘制图像草图效果，也可以调整画笔的粗细或对前景色、背景色进行设置来得到丰富的绘画效果。

1. 半调图像

该滤镜可以将图像处理为带有网点的暗色怀旧效果。

2. 便条纸

该滤镜可以使图像沿着边缘线产生凹陷，生成表现为浮雕效果的凹陷压印图像。

3. 粉笔和炭笔

该滤镜可以给人一种由粉笔和炭笔绘制而成的图像效果。

4. 铬黄

图像表面上的高光为亮点，暗调为暗点。"铬黄"滤镜是通过调节色阶来增加图像的对比度，从而产生像是被磨光的铬表面或液体金属的效果。

5. 绘画笔

使用精细的油墨线条来捕捉图像中的细节，可以模拟铅笔素描的效果。

6. 基底凸现

该滤镜可以使图像产生类似浮雕的效果。

7. 水彩画纸

该滤镜可以使图像产生在潮湿纸上绘制时所产生的效果。效果如图 9-13 所示。

图 9-13　原图和"水彩画纸"滤镜的效果

8. 撕边

该滤镜可以用粗糙的颜色边缘模拟碎纸片的效果。

9. 石膏效果

该滤镜是将图像进行立体石膏压模处理，然后用前景色和背景色为图像上色，最后产生石膏的效果。

10. 炭笔

该滤镜可产生炭精画效果，还可以将图像变为非常明朗的黑白图案。

11．图章

简化图像，使其呈现出用橡皮或木制图章盖印的效果。

12．网状

该滤镜可以产生网眼覆盖效果，使图像呈现网状结构，使用前景色代表暗部，背景色代表亮部。

13．影印

该滤镜可以模拟影印效果，并用前景色填充图像的高亮区，用背景色填充图像的暗区。

9.3.8 "纹理"滤镜

"纹理"滤镜组提供的滤镜可以使图像表面产生特殊的纹理或材质效果，它们所产生的效果就像其名称描述的一样。

1．龟裂缝

该滤镜可以将浮雕效果和某种爆裂效果相结合，产生凹凸不平的裂纹。

2．颗粒

该滤镜可以通过模拟不同种类的颗粒来对图像添加纹理。

3．马赛克拼贴

该滤镜可以将图像分割成许多小片或块，在片与片、块与块之间添加深色的缝隙。

4．拼缀图

该滤镜可以将图像分解为若干个小正方形，每个小正方形都由该区域中最亮的颜色进行填充。效果如图 9-14 所示。

图 9-14 原图和"拼缀图"滤镜的效果

5．染色玻璃

该滤镜可以模拟玻璃的效果，为图像绘制出一系列的单元格。

6. 纹理化

该滤镜主要功能是在图像中加入各种纹理效果。

9.3.9 "像素化"滤镜

"像素化"滤镜组中的滤镜通过平均分配色度值使单元格中颜色相近的像素结成块，用来清晰地定义一个选区，从而使图像产生晶格、碎片等效果。

1. 彩块化

该滤镜使纯色或相近颜色的像素结成相近颜色的像素块，图像如同手绘效果。

2. 彩色半调

该滤镜设置图像的网点效果，表现放大显示彩色印刷品时的效果，如图 9-15 所示。

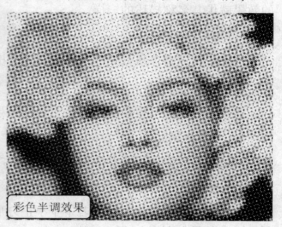

图 9-15　原图和"彩色半调"滤镜的效果

3. 点状化

该滤镜将图像的颜色分解为随机分布的网点，如同点状化绘画一样。

4. 晶格化

该滤镜可以使图像像素结块，从而生成单一颜色的多边形栅格。

5. 马赛克

该滤镜可以将图像中的像素分组，并将其转换成颜色单一的方块，从而生成马赛克效果。

6. 碎片

该滤镜可以将图像转换为彩色图像中完全饱和颜色的随机图案。

7. 铜版雕刻

该滤镜可以将图像转换为彩色图像中完全饱和颜色的随机图案。

9.3.10 "渲染"滤镜

"渲染"滤镜可以在图像中制作云彩形状的图像，设置照明效果或通过镜头产生光晕效果。在该滤镜组中包括分层云彩、光照效果、镜头光晕、纤维和云彩 5 个滤镜命令。

1．分层云彩

该滤镜可以在前景色与背景色之间随机抽取像素值，并将其转换为柔和的云彩。

2．光照效果

该滤镜可以在图像上产生不同的光源、光类型，以及不同光特性形成的光照效果。

3．镜头光晕

该滤镜可以使图像产生摄影机镜头的眩光效果，如图 9-16 所示。

图 9-16　原图和"镜头光晕"滤镜的效果

4．纤维

该滤镜主要是通过设置前景色和背景色对当前图像进行混合处理，从而使图像生成纤维效果。

5．云彩

该滤镜可以根据当前图像的颜色，产生与原图像有关的云彩效果。

9.3.11 "艺术效果"滤镜

"艺术效果"滤镜可以为图像添加具有艺术特色的绘制效果，可以使普通的图像具有艺术风格的效果，且绘画形式不拘一格。

1．壁画

该滤镜可以在图像的边缘添加黑色，并增加反差的饱和度，使图像产生古壁画效果。

2．彩色铅笔

该滤镜可以模拟各种颜色的铅笔在图像上的绘制效果，绘制的图像中较明显的边缘将被保留。

3. 粗糙蜡笔

该滤镜可以使图像产生好像是用彩色蜡笔在带纹理的背景上描边的效果。

4. 底纹效果

该滤镜可以根据纹理和颜色产生一种纹理喷绘的效果，也可以用来创建布料或油画效果。

5. 调色刀

该滤镜可以模拟油画绘制技法中使用到的调色刀，在图像上减少细节来生成调色刀绘制的图像效果。

6. 干画笔

该滤镜可以通过誊清图像的颜色来简化图像中的细节，从而使图像呈现出类似于油画和水彩画之间的效果。

7. 海报边缘

该滤镜可以设置图像的阴影部分作为黑色轮廓，突出海报的效果，如图 9-17 所示。

图 9-17　原图和"海报边缘"滤镜的效果

8. 海绵

该滤镜可以模拟类似海绵一样柔软而富有弹性的笔触，使图像产生一种被水浸湿的特殊效果。

9. 绘制涂抹

该滤镜相当于使用画笔在图像上进行涂抹，使画面变得模糊。

10. 胶片颗粒

该滤镜将平滑图案应用于图像的阴影色调和中间色调，将一种更平滑、饱和度更高的图案添加到图像的亮区。

11. 木刻

该滤镜可以将图像处理成彩纸图的效果，清楚地显示图形的颜色变化。

12. 霓虹灯光

该滤镜可以将各种类型的发光添加到图像中的对象上，产生彩色氖光灯照射的效果。

13. 水彩

该滤镜可以产生柔和而湿润的笔触，得到像水彩画一样的艺术效果。

14. 塑料包装

该滤镜可以给图像涂上一层光亮的塑料，使图像表面质感强烈。

15. 涂抹棒

该滤镜可以模拟粉笔或蜡笔笔触，用短对角线对图像进行涂抹，从而柔和图像的暗部区域，但图像中亮部区域的一些细节将损失。

9.3.12 "杂色"滤镜

"杂色"滤镜组用于增加图像上的杂点，使其产生色彩漫散的效果，或用于去除图像中的杂点，如扫描输入图像的斑点和折痕。

1. 减少杂色

该滤镜可以减少在弱光或高 ISO 值情况下拍摄的照片中的粒状噪点，以及移除 JPEG 图像压缩时产生的噪点。

2. 蒙尘与划痕

该滤镜可以删除图像上的灰尘、瑕疵、草图、划痕及图像轮廓外多余的杂质，使图像更加柔和。

3. 去斑

该滤镜可以对图像或选区内的图像进行轻微的模糊和柔化处理，从而实现移去杂色的同时保留细节。

4. 添加杂色

该滤镜可以在图像上按像素产生的形态产生杂点，表现图像的陈旧感，效果如图 9-18 所示。

原图　　　　　　　　　　　　添加杂色效果

图 9-18　原图和"添加杂色"滤镜的效果

5．中间值

该滤镜可以删除图像上的杂点，通过平均值应用周围颜色去掉杂点。

9.3.13 "其他"滤镜

该命令子菜单中的滤镜，不便于进行分类，所以单列出来介绍。

1．高反差保留

在图像中明显的颜色过渡处保留指定半径内的边缘细节，并隐藏图像的其他部分，效果如图 9-19 所示。

原图　　　　高反差保留效果

图 9-19　原图和"高反差保留"滤镜的效果

2．位移

该滤镜是将图像按用户的设置值进行移动，从而得到一些特殊的效果。

3．自定

该滤镜让用户自己设置滤镜效果，可以亲自创建滤镜，从而获得清晰化、模糊、浮雕等效果。

4．最大值

用于放大亮色区域，并缩小暗色区域。

5．最小值

用于放大暗色区域，并缩小亮色区域。

9.4 上机实训——制作爆炸特效

🎯 **实例说明**

本例效果如图 9-20 所示。本实例主要综合应用 Photoshop CS5 的图像处理与滤镜功能，制作一种爆炸的特殊效果。在本实例的操作中，先通过"添加杂点"滤镜为图像添加杂点，并使用调色命令"阈值"将图像杂点转换为适量的黑色杂点，然后通过滤镜中的"动感模糊"与"极坐标"命令对爆炸形状进行处理，最后通过图像上色、图层混合模式等处理制作出爆炸的效果。

图 9-20 爆炸效果

📚 **学习目标**

通过对本例的学习，让读者认识滤镜在图像特殊制作中的重要性，并掌握 Photoshop CS5 滤镜功能的综合应用。

原始文件：	无
结果文件：	结果文件\第 9 章\9-01.psd
同步视频文件：	同步教学文件\第 9 章\9.4 上机实训——制作爆炸特效.mp4

本实例具体操作步骤如下。

Step 01 执行"文件→新建"命令，弹出"新建"对话框，设置"宽度"为 1000 像素、"高度"为 800 像素、"背景内容"为"白色"，单击"确定"按钮，如图 9-21 所示。

Step 02 执行"滤镜→杂色→添加杂色"命令，弹出"添加杂色"对话框，设置"数量"为 18，选中"高斯分布"单选按钮，然后单击"确定"按钮，如图 9-22 所示。

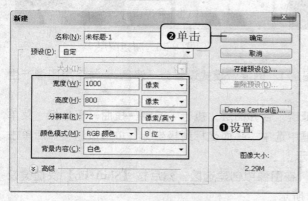

图 9-21 "新建"对话框

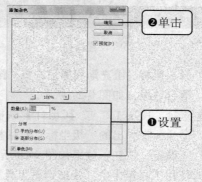

图 9-22 "动感模糊"对话框

Step 03 执行"图像→调整→阈值"命令，在弹出的"阈值"对话框中设置"阈值色阶"为210，单击"确定"按钮，去掉偏灰的杂点，如图9-23所示。

Step 04 执行"滤镜→模糊→动感模糊"命令，在弹出的"动感模糊"对话框中设置"角度"为90、"距离"为180，然后单击"确定"按钮，效果如图9-24所示。

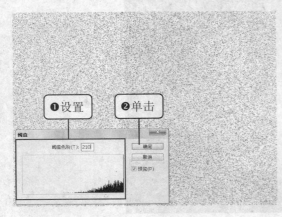

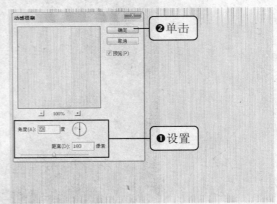

图 9-23　设置阈值　　　　　　　　图 9-24　"动感模糊"对话框

Step 05 按【Ctrl+I】快捷键，将图像进行反相处理，效果如图9-25所示。

Step 06 在"图层"面板中，单击面板下方的"创建新图层"按钮，新建"图层1"，选择"渐变工具"，设置渐变颜色为从白色到黑色，渐变方式为"线性渐变"，然后在"图层1"中，按住【Shift】键，从上到下垂直拖动鼠标，如图9-26所示。

图 9-25　设置反相　　　　　　　　图 9-26　新建图层

Step 07 释放鼠标，填充渐变颜色，将"图层1"的混合模式设置为"滤色"，与下层图像产生混合效果，如图9-27所示。

Step 08 选择"图层1"，按【Ctrl+E】快捷键，合并图层，执行"滤镜→扭曲→极坐标"菜单命令，在弹出的"极坐标"对话框中选中"平面坐标到极坐标"单选按钮，然后单击"确定"按钮，效果如图9-28所示。

Step 09 使用工具箱中的"矩形选框工具"在图像中创建选区，然后按【Shift+F6】快捷键设置"羽化半径"为15，如图9-29所示。

图 9-27 设置图层混合模式

图 9-28 极坐标滤镜效果

Step 10 执行"选择→反向"命令，设置前景色为"黑色"，按【Alt+Delete】快捷键，填充选区，按【Ctrl+D】快捷键取消选择，效果如图 9-30 所示。

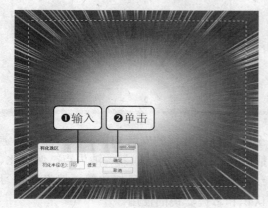

图 9-29 设置羽化选区

图 9-30 填充边缘效果

Step 11 执行"滤镜→模糊→径向模糊"菜单命令，在弹出的"径向模糊"对话框中选中"缩放"单选按钮，设置"数量"为 100，单击"确定"按钮，如图 9-31 所示。

Step 12 按【Ctrl+U】快捷键，打开"色相/饱和度"对话框。在对话框中选择"着色"复选框，设置"色相"为 22、"饱和度"为 70、"明度"为-40，单击"确定"按钮，如图 9-32 所示。

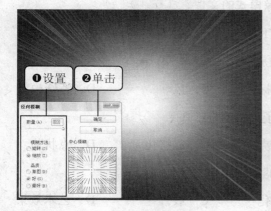

图 9-31 径向模糊调整

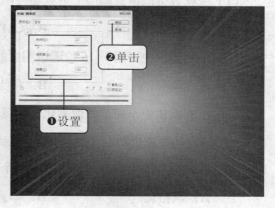

图 9-32 色相/饱和度调整

Step 13 新建"图层 1",将前景色设置为"黑色",背景色设置为"白色",执行"滤镜→渲染→云彩"命令,效果如图 9-33 所示。

Step 14 将"图层 1"的混合模式设置为"颜色减淡",与下层的图像混合出爆炸时的颜色,如图 9-34 所示,爆炸的效果如图 9-20 所示。

图 9-33 云彩滤镜效果

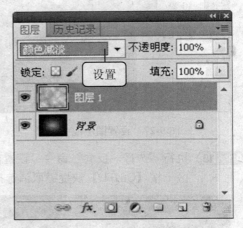

图 9-34 设置图层混合模式

9.5 本章小结

本章在前面介绍了 Photoshop 滤镜作用、分类及外挂滤镜的安装知识,然后深入地学习了各类滤镜命令的具体功能及使用方法,如抽出、液化、图案生成器、消失点、像素化、扭曲、杂色、模糊、渲染、画笔描边、素描、纹理、视频、锐化、风格化等。读者在学习本章内容时,一定要多上机实训,才能更好地认识和掌握滤镜的使用。

9.6 本章习题

1. 选择题

(1)光照效果滤镜只能用于下列哪种图像模式的文件?(　　)

  A. RGB   B. CMYK   C. 灰度   D. 双色调

(2)下列滤镜中可用于 16 位通道图像的是:(　　)

  A. 添加杂色   B. 极坐标   C. 风   D. 特殊模糊

(3)下列滤镜中不属于"像素化"滤镜子菜单的是:(　　)

  A. 马赛克拼贴   B. 马赛克   C. 晶格化   D. 点状化

(4)"斜面浮雕"命令属于下列哪一个滤镜子菜单?(　　)

  A. 风格化   B. 像素化   C. 纹理   D. 艺术效果

（5）下列滤镜中不能用于 CMYK 图像模式的是：（　　　）

A．镜头光晕　　　　　　　　B．纤维

C．蒙尘与划痕　　　　　　　D．动感模糊

2．判断题

（1）滤镜不能应用于位图模式、索引颜色。（　　　）

（2）滤镜只应用于当前，并且可视的图层。（　　　）

（3）所有图像模式的图像文件都可以使用全部滤镜。（　　　）

（4）"消失点"是允许对包含透视平面（例如，建筑物侧面或任何矩形对象）的图像中进行透视校正编辑。（　　　）

（5）Photoshop 可以安装外挂滤镜，安装好后其滤镜命令在"窗口"菜单中。（　　　）

3．上机操作

（1）打开素材文件"9-01.jpg"，利用 Photoshop CS5 的滤镜知识，制作玻璃效果，效果如图 9-35 所示。

图 9-35　背景玻璃化

（2）打开素材文件"9-02.jpg"，通过 Photoshop CS5 的滤镜知识，制作如图 9-36 所示的版面效果。

图 9-36　版画图像效果

第10章

调整图像的色彩

本章主要讲解图像色彩调整的相关知识。Photoshop CS5 的"色彩调整"功能非常强大，了解色彩调整辅助工具的使用，学会对图像进行明暗对比度的灵活调节和对图像颜色的灵活改变。通过对本章的学习，能熟练应用各种色彩命令对图像进行色彩校正与处理。

本章知识点

- ◎ 图像的颜色模式与转换
- ◎ 色彩处理基础入门
- ◎ 自动化调整图像
- ◎ 图像明暗调整
- ◎ 图像色彩调整

10.1 图像的颜色模式与转换

颜色模式决定了用来显示和打印处理图像的颜色方法。通过选择某种颜色模式，就选用了某种特定的颜色模式。Photoshop CS5 的颜色模式基于颜色模型，而颜色模型对于印刷中使用的图像来说是非常有用的。

10.1.1 RGB 颜色模式

RGB 颜色模式包括 3 个主要色彩——红（R）、绿（G）、蓝（B）。它是所有的显示屏、投影设备及其他传递或过滤光线的设备所依赖的彩色模式。就编辑图像而言，RGB 色彩模式是屏幕显示的最佳模式，但是 RGB 颜色模式图像中许多色彩无法被打印出来。因此如果打印全彩色图像，应先将 RGB 颜色模式的图像转换成 CMYK 颜色模式的图像，然后再进行打印。

在工作中一定要注意的是，RGB 颜色模式的图像不能被四色印刷，所以在将图像输出到照排机前，一定要将其转换为 CMYK 颜色模式的图像。

如果要将色彩模式转换成 RGB 颜色模式，可以选择"图像→模式→RGB 颜色"命令，如图 10-1 所示。

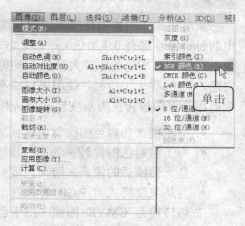

图 10-1　RGB 颜色模式菜单

10.1.2 CMYK 颜色模式

CMYK 代表印刷图像时所用的印刷四色，分别是青、洋红、黄、黑。CMYK 颜色模式是打印机唯一认可的彩色模式。因为 RGB 不能准确地表现最终印刷的图像色彩，所以应该在 CMYK 模式中进行工作。虽然 CMYK 模式能免除色彩方面的失望，但是运算速度要慢得多，这是因为 Photoshop 必须将 CMYK 转换为屏幕的 RGB 色彩值。其效率在实际工作中是很重要的，所以建议还是在 RGB 模式下进行工作。当准备将图像打印输出时，再转换为 CMYK 模式。

选择"图像→模式→CMYK 颜色"命令，可以将图像的颜色模式转换为 CMYK 颜色模式。

> **提示**　一幅彩色图像不能多次在 RGB 与 CMYK 模式之间转换，因为每一次转换都会损失一次图像颜色质量。

10.1.3 Lab 颜色模式

Lab 颜色模式的色域最广，是唯一不依赖于设备的颜色模式。Lab 颜色模式的亮度分量（L）范围是 0～100。在 Adobe 拾色器中，a 分量（绿色到红色轴）和 b 分量（蓝色到黄色轴）的范围是 +127～-128。在"颜色"面板中，a 分量和 b 分量的范围是 +127～-128。

可以使用 Lab 模式处理 Photo CD 图像，独立编辑图像中的亮度和颜色值，在不同系统之间移动图像并将其打印到 PostScript Level 2 和 Level 3 打印机。要将 Lab 图像打印到其他彩色 PostScript 设备，应首先将其转换为 CMYK 模式。

Lab 图像可以存储为 Photoshop、Photoshop EPS、大型文档格式（PSB）、Photoshop PDF、Photoshop Raw、TIFF、Photoshop DCS 1.0 或 Photoshop DCS 2.0 格式。48 位（16 位/通道）Lab 图像可以存储为 Photoshop、大型文档格式（PSB）、Photoshop PDF、Photoshop Raw 或 TIFF 格式。

选择"图像→模式→Lab 颜色"命令，可将图像的颜色模式转换为 Lab 颜色模式。

10.1.4　灰度模式

灰度模式在图像中使用不同的灰度级。在 8 位图像中，最多有 256 级灰度。灰度图像中的每个像素都有 0（黑色）～255（白色）之间的一个亮度值。在 16 和 32 位图像中，图像中的级数比 8 位图像要大得多。灰度值也可以用黑色油墨覆盖的百分比来度量（0%等于白色，100%等于黑色）。使用黑白或灰度扫描仪生成的图像通常以灰度模式显示。下列原则适用于将图像转换为灰度模式和从灰度模式中输出。

- 位图模式和彩色图像都可转换为灰度模式。
- 为了将彩色图像转换为高品质的灰度图像，Photoshop 放弃原图像中的所有颜色信息。转换后的像素灰阶（色度）表示原像素的亮度。
- 当从灰度模式向 RGB 转换时，像素的颜色值取决于其原来的灰色值。灰度图像也可转换为 CMYK 图像（用于创建印刷色四色调，不必转换为双色调模式）或 Lab 彩色图像。

选择"图像→模式→灰度"命令，可将图像的颜色模式转换为灰度模式。

10.1.5　位图模式

位图模式使用两种颜色值（黑色或白色）之一表示图像中的像素。如果希望将彩色模式转换为位图模式，先必须将图像转换为灰度模式，再转换为位图模式。选择"图像→模式→位图"命令，打开如图 10-2 所示的"位图"对话框，设置图像的分辨率及转换方式。

在"位图"对话框中，各参数作用及含义如下。

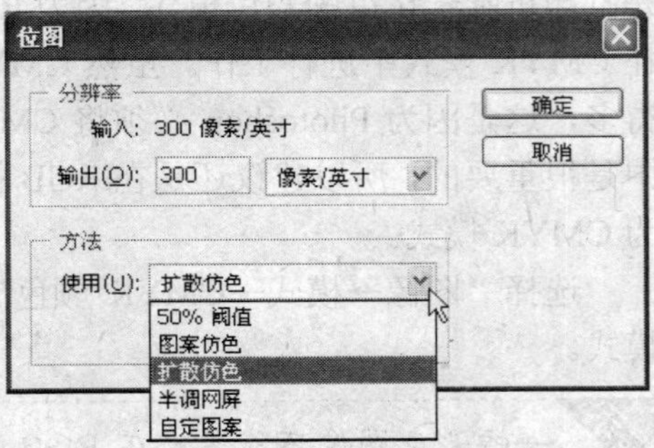

图 10-2　"位图"对话框

- 输出：在此对话框中输入数值可设置黑白图像的分辨率。如果要精细控制打印效果，可提高分辨率数值。通常情况下，输出值是输入值的 200%~250%。
- 50%临阈值：此选项是将大于 50%灰度的像素变为黑色，而小于或等于 50%灰度的像素变为白色。
- 图案仿色：此选项是在图像进行模式转换时，用一些无意义的几何图案来抖动图像。

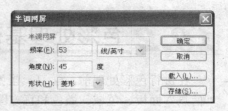

- 扩散仿色：选择此项可生成一种金属版效果，将图像转换为成千上万个离散随机的像素。
- 半调网屏：选择此项并单击"确定"按钮后，打开"半调网屏"对话框，如图 10-3 所示。可在"频率"文本框中填入每英寸的半调网点数，在"角度"文本框中填入网点角度，从"形状"下拉列表中选择网点形状。

图 10-3 "半调网屏"对话框

- 自定图案：如果已用"编辑"菜单下的"定义图案"命令定义了一个图案，那么可以把它作为一种半调网图案使用，否则此选项将不能被使用。

10.1.6 索引颜色模式

索引颜色模式用最多 256 种颜色生成 8 位图像文件。当转换为索引颜色时，Photoshop 将构建一个颜色查找表（CLUT），用以存放并索引图像中的颜色。如果原图像中的某种颜色没有出现在该表中，则程序将选取最接近的一种或使用仿色来模拟现有的颜色。

由于调色板很有限，因此索引颜色可以在保证多媒体演示文稿、Web 页等的视觉品质的同时，尽量减少文件大小。在这种模式下只能进行有限的编辑，要进一步进行编辑，应临时转换为 RGB 模式。

一幅 RGB 图像可以转换成一幅索引彩色模式的图像，以便编辑图像的颜色表或是输出图像到一个仅支持 8 位彩色的应用程序中。这对多媒体应用程序是十分实用的。选择"图像→模式→索引颜色"命令，可将图像的颜色模式转换为索引颜色模式。

10.1.7 双色调模式

该模式通过 1～4 种自定油墨创建单色调、双色调（两种颜色）、三色调（3 种颜色）和四色调（4 种颜色）的灰度图像。如果希望将彩色图像模式转换为位图模式，先必须将图像转换为灰度模式，再转换为双色调颜色模式。

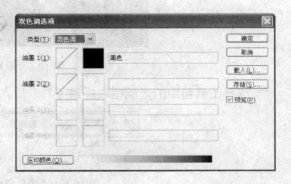

选择"图像→模式→双色调"命令，将会打开如图 10-4 所示的"双色调选项"对话框。

图 10-4 "双色调选项"对话框

- "类型"：在此下拉列表中，可以选择使用几种色调模式，如单色调、双色调、三色调和四色调。
- "油墨 1、油墨 2、油墨 3、油墨 4"：此选项代表的是几种色调，只有选择相应的类型，才会出现相应数量的油墨。
- "压印颜色"：单击此按钮，可以看到每种颜色混合后的结果。

10.2 色彩处理基础入门

在进行色彩处理前，学习一些色彩处理的基础知识是非常必要的，包括颜色取样器、"信息"面板、色域、溢色和直方图等。

10.2.1　颜色取样器和"信息"面板的使用

使用"颜色取样器工具"可以吸取像素点的颜色值，并在"信息"面板中列出颜色值。"颜色取样器工具"最多可以定义 4 个取样点，通过这个原理，用户可以比较图像中不同位置的图像颜色，并且可以观察到图像调整前后同一像素点的颜色值变化范围。操作方法：单击工具箱中的"颜色取样器工具" ，在选项栏的"取样大小"下拉列表中可以设置取样颜色的平均值，例如，选择"取样点"，在图像中单击即可定义一个取样点，Photoshop 自动用数字标识取样点的顺序，如图 10-5 所示。

图 10-5　取样颜色信息

选择工具箱中的"颜色取样器工具"后，其选项栏如图 10-6 所示。

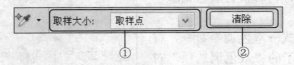

图 10-6　"颜色取样器工具"选项栏

该选项栏中的参数作用如下。

- 取样大小：在"取样大小"下拉列表中，包括"取样点"、"3×3 平均"、"5×5 平均"……"101×101 平均"共 7 种颜色取样方式，用户可以根据需要的颜色精确度选择适当的取样方式。

- "清除"按钮：单击此按钮，可以清除当前图像中的所有颜色取样器。要删除单个颜色取样器，可以将取样器拖出文档窗口。或者，按住【Alt】键，直到指针变成剪刀形状，然后单击取样器即可。

10.2.2 色域和溢色

　　色域是指颜色模式可以显示或打印的颜色范围，也可以理解为某一色彩模式的色彩范围。各个色彩模式有不同的颜色范围，常用色彩模式的色域关系是：Lab 色彩模式色域范围最广，但在 Lab 模式下，Photoshop 中很多功能都不能使用，它可以模拟大自然中的任何颜色；RGB 颜色模式的色域广度要高于 CMYK 颜色模式；CMYK 颜色模式的色域范围最小。

　　RGB 颜色模式中某些颜色在电脑显示器上可以显示，但在 CMYK 颜色模式下是无法印刷出来的，这种现象叫溢色，RGB 色域减去两者色域相同的区域即是溢色区域。查找溢色的具体操作方法：执行"视图→校样设置"命令，然后选择用做色域警告的基础校样配置文件。例如，选择"工作中的 CMYK"，执行"视图→色域警告"命令，当前校样配置文件空间色域之外的所有像素都将高亮显示为灰色，效果分别如图 10-7 和图 10-8 所示。

图 10-7　原图

图 10-8　色域警告图

> 注意　为了避免在实际工作中出现溢色，可以执行"视图→校样设置→工作中的 CMYK"命令，在"工作中的 CMYK"命令前面加上 ✔ 标记。一般默认是 RGB 处于勾选状态，表示在 RGB 环境下工作，但用 CMYK 的预览方式预览，这样可以避免产生溢色。

10.2.3 通过直方图分析图像

　　直方图用图形表示图像的每个亮度级别的像素数量，展示像素在图像中的分布情况。直方图显示阴影中的细节（在直方图的左侧部分显示）、中间调（在中部显示），以及高光（在右侧部分显示），可以帮助用户确定某个图像是否有足够的细节来进行良好的校正。

　　直方图还提供了图像色调范围或图像基本色调类型的快速浏览图。低色调图像的细节集中在阴影处；高色调图像的细节集中在高光处；平均色调图像的细节集中在中间调处；全色调范围的图像在所有区域中都有大量的像素。识别色调范围有助于进行相应的色调校正。

　　执行"窗口→直方图"命令，打开"直方图"面板。默认情况下，"直方图"面板将以"紧凑视图"形式打开，并且没有控件或统计数据，单击面板右上方的 ≡ 按钮，可以打开下拉菜单，如图 10-9 所示。选择"扩展视图"，切换到"扩展视图"模式下，直方图效果如图 10-10 所示。

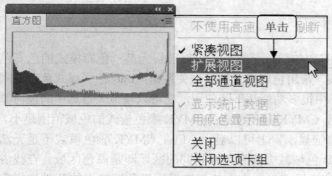

图 10-9　执行"扩展视图"命令

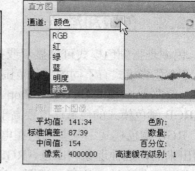

图 10-10　查看"直方图"面板

默认情况下，"直方图"面板将在"扩展视图"和"全部通道视图" 中会显示统计数据。要查看特定像素值的信息，请将指针放置在直方图中；若要查看一定范围内的像素值信息，可以在直方图中拖动鼠标左键突出显示该范围。"直方图"面板下方将显示以下统计信息。

- 平均值：表示平均亮度值。
- 标准偏差：表示亮度值的变化范围。
- 中间值：显示亮度值范围内的中间值。
- 像素：表示计算直方图的像素总数。
- 色阶：显示指针下面区域的亮度级别。
- 数量：表示相当于指针下面亮度级别的像素总数。
- 百分位：显示指针所指的级别或该级别以下的像素累计数。值以图像中所有像素的百分数形式来表示，从最左侧的 0%到最右侧的 100%。
- 高速缓存级别：显示当前用于创建直方图的图像高速缓存。当高速缓存级别>1 时，会更加快速地显示直方图。

10.3 自动化调整图像

自动化调整包括"自动色调"、"自动对比度"、"自动颜色" 3 个命令，它们可以根据图像自身的色调、对比度自动进行调整，不用进行任何参数设置。

10.3.1 "自动色调"命令

色调是指一幅图像的整体色彩倾向，包括明度、纯度、色相 3 个要素。执行"图像→自动色调"命令，系统会根据图像的色调自动对图像的明度、纯度、色相属性进行调整，使整个图像的色调更均匀、和谐。使用"自动色调"命令调整图像后，前后效果对比如图10-11 和图 10-12 所示。

图 10-11 原图　　　　　　　　　　　图 10-12 "自动色调"后的效果

10.3.2 "自动对比度"命令

"自动对比度"命令可以通过重新定义图像的高光区域、中间调区域和暗调区域来自动调整图像的对比度，使高光区域更亮，暗调区域更暗，适用于整体色调泛灰，明暗对比不强的图像。执行"图像→自动对比度"命令，即可对选择的图像自动调整对比度。使用"自动对比度"命令调整图像后，前后效果对比如图 10-13 和图 10-14 所示。

图 10-13 原图　　　　　　　　　　　图 10-14 "自动对比度"后的效果

10.3.3 "自动颜色"命令

"自动颜色"命令可以还原图像各部分区域的原始颜色，避免其受到环境色的影响。执行"图像→自动颜色"命令，即可自动调整图像的颜色。使用"自动颜色"命令调整图像后，前后效果对比如图 10-15 和图 10-16 所示。

图 10-15 原图　　　　　　　　　　　图 10-16 "自动颜色"后的效果

10.4 图像明暗调整

图像明暗效果不佳时，可用图像明暗调整命令将光线不好的图像调整到正常效果。在 Photoshop CS5 中，调整图像明暗的命令包括"亮度/对比度"、"色阶"、"曲线"、"曝光度"、"阴影/高光"等命令。

10.4.1　"色阶"命令

　　"色阶"命令是一种直观的调整图像明暗的命令。通过"色阶"命令，能够调整图像的阴影、中间调和高光的强度级别。下面介绍具体的操作方法。

　　打开一个素材图像文件，执行"图像→调整→色阶"命令，弹出"色阶"对话框，在"输入色阶"选项区中运用鼠标拖曳其下方右侧的滑块，调整色阶的数值分别为0、2.15、200，设置完成后单击"确定"按钮。图像前后效果对比及操作如图10-17所示。

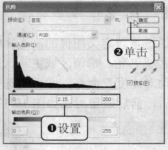

图 10-17　图像色阶调整

10.4.2　"曲线"命令

　　"曲线"命令是功能强大的图像校正命令，该命令可以在图像的整个色调范围内调整不同的色调，还可以对图像中的个别颜色通道进行精确的调整。下面介绍具体的操作方法。

　　打开一个素材图像文件，执行"图像→调整→曲线"命令，弹出"曲线"对话框，在面板的曲线图中单击鼠标左键并向上拖曳调节曲线，以改变曲线的形状，或者是在其下方的"输出"和"输入"数值框中分别输入数值200、140，设置完成后单击"确定"按钮。图像前后效果对比及操作如图10-18所示。

图 10-18　曲线调整

10.4.3 "亮度/对比度"命令

"亮度/对比度"命令可以对图像的色调范围进行简单的调整。应用该命令可以一次性地调整图像中所有的像素：高光、暗调和中间调。下面介绍具体的操作方法。

打开一个素材图像文件，执行"图像→调整→亮度/对比度"命令。弹出"亮度/对比度"对话框，在"亮度"选项下方单击并向右拖曳滑块至 80 位置，调整"对比度"值为-10，设置完成后单击"确定"按钮。图像前后效果对比及操作如图 10-19 所示。

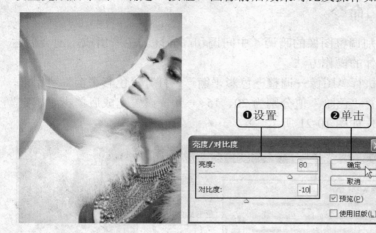

图 10-19　亮度/对比度调整

10.4.4 "阴影/高光"命令

"阴影/高光"命令适用于校正由强逆光而形成剪影的照片，或者校正由于太接近相机闪光灯而有些发白的焦点。在用其他方式采光的图像中，这种调整也可用于使阴影区域变亮，同时保持照片的整体平衡。具体操作步骤如下。

打开一个素材图像文件，执行"图像→调整→阴影/高光"命令，弹出"阴影/高光"对话框，分别在"阴影"、"高光"参数栏中根据需要，设置阴影数量与高光数量，设置完成后，单击"确定"按钮。图像前后效果对比及操作如图 10-20 所示。

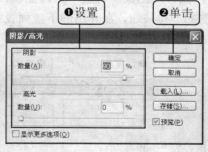

图 10-20　阴影/高光调整

> **提示**　在"阴影/高光"对话框中，默认的"阴影"参数值为50%，勾选"显示更多选项"复选框后，对话框中会出现更加详细的阴影/高光调整选项，方便对照片的阴影/高光进行更细的调整。

10.5 图像色彩调整

色彩调整是一个神奇的过程，能够把平淡的图像一瞬间变得生动。在 Photoshop CS5 中提供了多种色彩和色调调整工具，包括"自然饱和度"、"色相/饱和度"、"色彩平衡"、"黑白"等命令。

10.5.1 "色彩平衡"命令

"色彩平衡"命令可以分别调整图像的暗调、中间调和高光区的色彩组成，混合后达到整体色彩平衡。下面介绍具体的操作方法。

打开一个素材图像文件，执行"图像→调整→色彩平衡"，打开"色彩平衡"对话框，选中"中间调"单选按钮，设置"色阶"值分别为 20、15、-50，设置完成后单击"确定"按钮。图像前后效果对比及操作如图 10-21 所示。

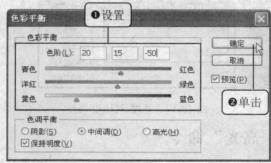

图 10-21　色彩平衡调整

10.5.2 "照片滤镜"命令

"照片滤镜"命令主要是用于修正扫描、胶片冲洗等造成的一些色彩偏差，还原照片的真实色彩。通过照片滤镜可以对图像整体色调进行变换，下面介绍具体的操作方法。

打开一个素材图像文件，执行"图像→调整→照片滤镜"命令，弹出"照片滤镜"对话框，单击"滤镜"选项右侧的下拉按钮，在弹出的下拉列表中选择"青"选项，设置"浓度"值为 80%，设置完成后单击"确定"按钮。图像前后效果对比及操作如图 10-22 所示。

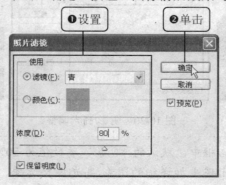

图 10-22　照片滤镜调整

10.5.3 "渐变映射"命令

"渐变映射"命令的主要功能是将图像灰度范围映射到指定的渐变填充色，如指定双色渐变作为映射渐变，图像中暗调像素将映射到渐变填充的一个端点颜色，高光像素将映射到另一个端点颜色，中间调映射到两个端点之间的过渡颜色。下面介绍具体的操作方法。

打开一个素材图像文件，执行"图像→调整→渐变映射"命令，弹出"渐变映射"对话框，在"渐变映射"选项区中单击渐变颜色矩形条右侧的下拉按钮，在弹出的颜色选取框中选择"紫，橙渐变"颜色，设置完成后单击"确定"按钮。图像前后效果对比及操作如图 10-23 所示。

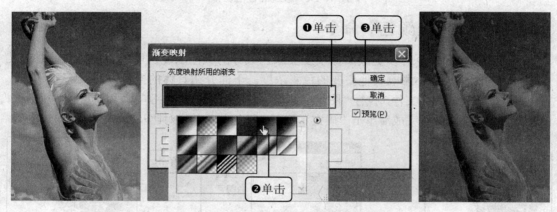

图 10-23　渐变映射调整

10.5.4 "通道混合器"命令

"通道混合器"命令可以使用当前颜色通道的混合来修改颜色通道。使用该命令，可以做到以下几点。

- 进行创造性的颜色调整，这是其他颜色调整工具不易做到的。
- 创建高质量的深棕色或其他色调的图像。
- 将图像转换到一些备选色彩空间。
- 交换或复制通道。

"通道混合器"命令只能作用于 RGB 和 CMYK 模式的图像，对 Lab 模式或其他模式则不可使用。下面介绍具体的操作方法。

Step 01 打开一个素材图像文件，运用"快速选择工具"在图像窗口中创建选区，例如，以人物的衣服创建一个选区。

Step 02 执行"图像→调整→通道混合器"命令，弹出"通道混合器"对话框，设置相应的参数值，设置完成后单击"确定"按钮。图像前后效果对比及操作如图 10-24 所示。

图 10-24　通道混合器调整

10.5.5　"可选颜色"命令

"可选颜色"命令可以更改图像中主要原色成分的颜色浓度，可以有选择性地修改某一种特定的颜色，而不影响其他主要的色彩浓度。下面介绍具体的操作方法。

打开一个素材图像文件，执行"图像→调整→可选颜色"命令，弹出"可选颜色"对话框，设置相应参数值，设置完成后单击"确定"按钮。图像前后效果对比及操作如图 10-25 所示。

图 10-25　可选颜色调整

10.5.6　"变化"命令

"变化"命令在"调整"菜单中，是一个可以将图像快速转换为多种色相的命令。执行"图像→调整→变化"命令，弹出"变化"对话框，如图 10-26 所示。"变化"对话框可以设置很多种模式，将图像打造的多姿多彩。

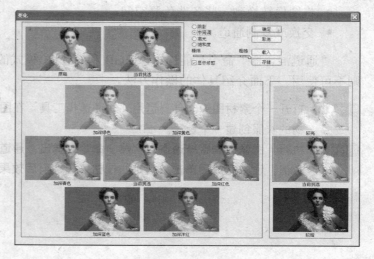

图 10-26　"变化"对话框

10.5.7 "替换颜色"命令

"替换颜色"命令用于替换图像中某个特定范围的颜色,在图像中选取特定的颜色区域来调整其色相、饱和度和亮度值。下面介绍具体的操作方法。

打开一个素材图像文件,执行"图像→调整→替换颜色"命令,打开"替换颜色"对话框,用"吸管工具"在图像中单击需要替换的颜色,得到所要进行修改的选区。然后拖动"颜色容差"滑块调整颜色范围,拖动"色相"滑块和"饱和度"滑块,直到得到需要的颜色为止,设置完成后单击"确定"按钮。图像前后效果对比及操作如图10-27所示。

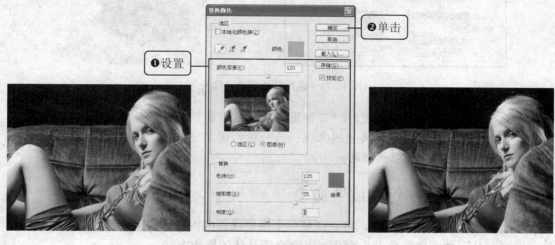

图10-27 替换颜色调整

10.5.8 "匹配颜色"命令

"匹配颜色"命令可以匹配不同图像之间、多个图层之间及多个颜色选区之间的颜色,还可以通过改变亮度和色彩范围来调整图像中的颜色。下面介绍具体的操作方法。

打开两个素材图像文件,在其中一个图像文件窗口中执行"图像→调整→匹配颜色"命令,在"图像统计"选项区中单击"源"下拉列表框右侧的下拉按钮,在弹出的下拉列表中选择另有一个素材文件,设置完成后单击"确定"按钮。图像前后效果对比及操作如图10-28所示。

素材文件1

素材文件2

图10-28 匹配颜色调整

图 10-28　匹配颜色调整（续）

提示
在"匹配颜色"对话框中，"目标图像"为进行色调更改的目标文件；"图像选项"用于通过一系列调整把两幅图像统一为一种色调，当勾选"中和"复选框时，调整色调为原图像色调的中间颜色。

10.5.9　"色相/饱和度"命令

通过"色相/饱和度"命令，可以调整整个图像或选区内图像的所有颜色的色相、饱和度和明度，从而使图像颜色发生变化。下面介绍具体的操作方法。

打开一个素材图像文件，执行"图像→调整→色相/饱和度"命令，打开"色相/饱和度"对话框，设置"色相"值为-40，设置完成后单击"确定"按钮。图像前后效果对比及操作如图 10-29 所示。

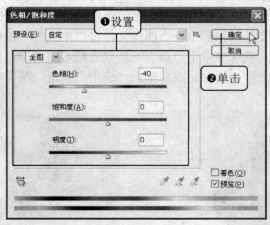

图 10-29　色相/饱和度调整

10.5.10　"反相"命令

"反相"命令用于反转图像中的颜色。在处理过程中，可以使用该命令创建边缘蒙版，以便向图像的选定区域应用锐化和其他调整。在对图像进行反相时，通道中每个像素的亮度值都会转换为 256 级颜色值刻度上相反的值。

打开一个素材图像文件，执行"图像→调整→反相"命令，图像前后效果对比如图 10-30 所示。

图 10-30　图像反相效果

10.5.11　"色调分离"命令

使用"色调分离"命令可以指定图像的色调级数，并按此级数将图像的像素映射为最接近的颜色。例如，在 RGB 图像中指定两个色调级可以产生 6 种颜色：两种红色、两种绿色和两种黄色。下面介绍具体的操作方法。

打开一个素材图像文件，执行"图像→调整→色调分离"命令，弹出"色调分离"对话框，设置"色阶"值为 5，设置完成后单击"确定"按钮。图像前后效果对比及操作如图 10-31 所示。

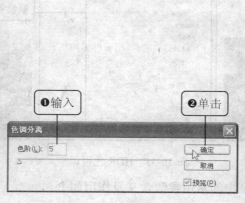

图 10-31　色调分离调整

10.5.12　"阈值"命令

使用"阈值"命令可以将灰度或彩色图像转换为高对比度的黑白图像。指定某个色阶作为阈值，所有比阈值色阶亮的像素被转换为白色，反之转换为黑色，具体操作方法如下。

打开一个素材图像文件，执行"图像→调整→阈值"命令，弹出"阈值"对话框，设置"阈值色阶"值为 128，设置完成后单击"确定"按钮。图像前后效果对比及操作如图 10-32 所示。

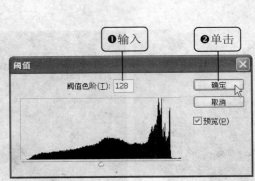

图 10-32 阈值调整

10.5.13 "HDR 色调"命令

"HDR 色调"命令可以使用超出普通范围的颜色值，因而能渲染出更加真实的 3D 场景。此命令只能应用于拼合图层。

执行"图像→调整→HDR 色调"命令，打开"HDR 色调"对话框，在其中可以对边缘光、色调和细节、颜色等参数进行设置，本例中使用默认参数，设置完成后单击"确定"按钮。调整图像前后效果对比及操作如图 10-33 所示。

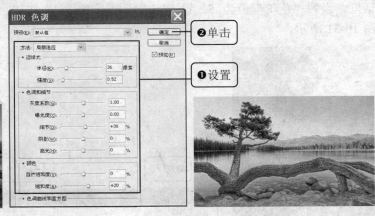

图 10-33 HDR 色调调整

"HDR 色调"对话框中的常用参数含义及作用如下。

- 方法：在"方法"下拉列表中，包括"曝光度和灰度系数"、"高光压缩"、"色调均化直方图"、"局部适应" 4 个选项。系统默认为"局部适应"，其作用是通过调整图像中的局部亮度区域来调整 HDR 色调。
- 边缘光：其中包括两个选项，"半径"用于指定局部亮度区域的大小；"强度"用于指定两个像素的色调值相差多大，它们属于不同的亮度区域。
- 色调和细节："灰度系数"设置为 1.00 时动态范围最大，较低的设置会加重中间调，而较高的设置会加重高光和阴影；曝光度值反映光圈大小；拖动"细节"滑块可以调整锐化程度；拖动"阴影"和"高光"滑块可以使这些区域变亮或变暗。

- 颜色："自然饱和度"用于调整细微颜色强度，同时尽量不剪切高度饱和的颜色；"饱和度"用于调整–100（单色）～+100（双饱和度）范围内的所有颜色的强度。

> **提示** 单击各功能栏前面的下三角按钮，可以开启和关闭相应功能。

10.6 上机实训——调整照片中人物衣服的颜色

 实例说明

通过前面对色彩的认识和学习，本例应用所学到的知识，改变人物衣服的颜色，效果如图 10-34 所示。在本实例的操作中，首先打开素菜文件，使用选区工具选取人物衣服部分，然后调整色相/饱和度和色彩平衡，最后存储文件。

图 10-34　改变人物衣服的颜色

学习目标

通过对本例的学习，让读者进一步认识 Photoshop CS5 中图像调色功能的应用，并熟练掌握相关调色命令的使用。

原始文件：	素材文件\第 10 章\10-01.jpg
结果文件：	结果文件\第 10 章\10-01.jpg
同步视频文件：	同步教学文件\第 10 章\10.6 上机实训——调整照片中人物衣服的颜色.mp4

本实例具体操作步骤如下。

Step 01 打开素材文件"10-01.jpg"，效果如图 10-35 所示。

Step 02 使用工具箱中的"快速选择工具"选择人物衣服红色的部分，如图 10-36 所示。

Step 03 执行"图像→调整→色相/饱和度"命令，在弹出的"色相/饱和度"对话框中设置"色相"值为-40，单击"确定"按钮，如图 10-37 所示。

Step 04 按【Ctrl+B】快捷键，打开"色彩平衡"对话框，选中"中间调"单选按钮，设置"色阶"值分别为+50、0、-30，单击"确定"按钮，如图 10-38 所示。

图 10-35　原图像效果

图 10-36　创建选区

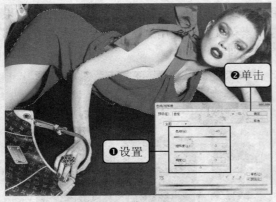

图 10-37　色相/饱和度调整

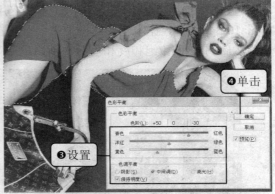

图 10-38　色彩平衡调整

Step 05 按【Ctrl+D】快捷键取消选择，然后使用"多边形套索工具"选择人物衣服蓝色的位置，如图 10-39 所示。

Step 06 按【Ctrl+U】快捷键，弹出"色相/饱和度"对话框，设置"色相"值为-40，单击"确定"按钮，效果如图 10-40 所示。

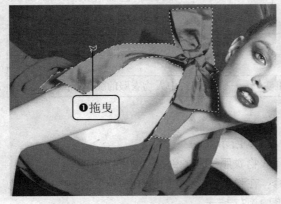

图 10-39　创建选区

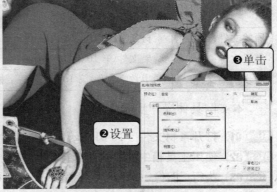

图 10-40　色相/饱和度调整

Step 07 按【Ctrl+D】快捷键取消选择，最终效果如图 10-34 所示。

10.7 本章小结

本章主要介绍了图像色彩校正与处理的相关知识，深入地学习了图像色彩模式的原理及转换操作，以及各种颜色调整与上色命令的使用，如色阶、曲线、色彩平衡、亮度/对比度、色相/饱和度、阴影/高光、通道混合器、可选颜色、去色、匹配颜色、替换颜色、渐变映射、照片滤镜、曝光度、反相、色调均化、色调分离、阈值、变化等命令的应用。色彩的应用在 Photoshop 中是非常重要的，除了理论知识的学习外，进行更多的操作练习才可以达到熟练掌握的程度。

10.8 本章习题

1. 选择题

（1）所有显示屏、投影设备及其他传递或过滤光线的设备所依赖的彩色模式是（　　）。

    A．CMYK 模式　　　　B．RGB 模式　　　　C．Lab 模式　　　　　D．灰度模式

（2）下列图像调整命令中不能对图像颜色调整的是（　　）。

    A．色阶　　　　　　　B．曲线　　　　　　C．色相/饱和度　　　D．亮度/对比度

（3）下列（　　）命令可以为图像上色。

    A．去色　　　　　　　B．阈值　　　　　　C．阴影/高光　　　　D．色相/饱和度

2. 填空题

（1）只有_____模式和_____才能直接转换为位图模式。

（2）_____命令可以将彩色图像转换为相同颜色模式下的灰度图像。

3. 上机操作

（1）打开素材文件"10-02.jpg"，利用 Photoshop CS5 的色彩知识改变人物衣服颜色，前后效果对比如图 10-41 所示。

图 10-41　改变人物衣服颜色

操作提示：使用"选择工具"选取人物衣服区域，然后执行"图像→调整→色相/饱和度"命令，打开"色相/饱和度"对话框，设置"色相"值为-90。

（2）打开素材文件"10-03.jpg"，使用 Photoshop CS5 的色彩知识改变人物头发颜色，前后效果对比如图 10-42 所示。

图 10-42　改变人物头发颜色

操作提示：使用"选择工具"选取人物头发区域，设置羽化为 10。执行"图像→调整→色彩平衡"命令，打开"色彩平衡"对话框，选中"中间调"单选按钮，设置"色阶"值分别为+50、-15、-100。

第11章

图像的批处理与打印

批处理命令的创建与使用是通过"动作"控制面板来实现的。在 Photoshop 中，掌握对一些动作的设置与菜单命令的插入，能够灵活地将"动作"命令应用于其他编辑操作中，可以提高工作效率。在打印输出中，要注意对纸张的设置与打印机的选择，以及在打印预览中对图像位置大小的调整。通过对本章的学习，能根据需要创建和使用"批处理"命令，以提高工作效率，并能够正确地对图像进行打印输出。

本章知识点

- ◎ 创建动作
- ◎ 使用批处理功能
- ◎ 文件输出

11.1 创建动作

"动作"就是可以对单个文件或者一批文件回放系列操作的命令。利用 Photoshop CS5 的动作功能，可以将用户所执行的操作录制下来，然后对其他图层中的图像或另外的文件播放该动作，就能快速得到相同的处理效果。

11.1.1 认识"动作"面板

需要对图像文件进行相同的操作时，就可利用"动作"控制面板来进行批处理操作。选择"窗口→动作"菜单命令，或者按【Alt＋F9】快捷键，就可调出"动作"控制面板，如图 11-1 所示。

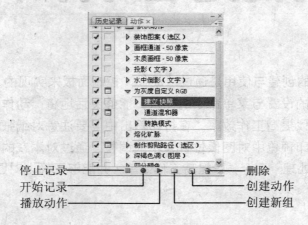

图 11-1 "动作"面板

在"动作"控制面板中，可创建和应用批处理文件。"动作"控制面板能记录每一步的编辑操作，还能对其中的操作步骤进行一些特殊设置。当要使用这些操作时，就可直接利用"动作"控制面板进行运行。Photoshop 中预设了一些常用的动作，使用时还可对其进行修改，以得到所需的效果。

11.1.2 新建动作组

动作组的作用相当于一个文件夹，就是将多个执行动作存放在动作组中，可以更有效率地对动作进行管理。创建新动作组的方法如下。

Step 01 单击"动作"面板中的"创建新组"按钮 ，或者单击"动作"面板右上角的 按钮，在下拉菜单中执行"新建组"命令，如图 11-2 所示。

Step 02 在打开的"新建组"对话框的"名称"文本框中，输入新建组的名称，如"浮雕文字"，然后单击"确定"按钮即可。操作及效果如图 11-3 和图 11-4 所示。

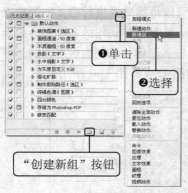

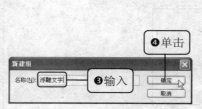

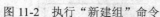

图 11-2　执行"新建组"命令　　　图 11-3　输入组名称　　　图 11-4　创建的新建组

11.1.3　创建新动作

一个动作中可以包含多步操作，创建动作的具体操作方法如下。

Step 01 单击"动作"面板下的"新建动作"按钮 ，打开"新建动作"对话框。

在"新建动作"对话框中，各项参数作用及含义如下。

- "名称"：在"名称"框中输入新建的动作名称。
- "组"：在"组"下拉式列表中，用户可以选择一个已经创建的组来放置新建的动作。
- "功能键"：实际上就是指定动作的快捷键。用户可以自定义功能键，如果勾选【Shift】复选框，则该动作选择的快捷键为功能键和【Shift】键的组合；如果勾选【Control】复选框，则该动作选择的快捷键为功能键和【Ctrl】键的组合。当然，用户也可以同时勾选两项来组合快捷键。
- "颜色"：在"颜色"下拉列表中，用户可以指定动作在"动作"面板中的显示颜色，以便和其他动作进行区分。

Step 02 当用户设置好动作的各选项参数后，单击"记录"按钮，如图 11-5 所示，Photoshop CS5 即可开始记录用户的相关操作了。

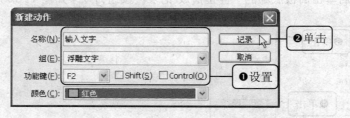

图 11-5　"新建动作"对话框

> **提示**　当创建一个动作时，"动作"控制面板底部的"开始记录"按钮 就处于按下状态，呈红色，表示现在开始所做的动作都会被记录下来。如果不想记录，只需单击"停止播放/记录"按钮 即可。

Step **03** 经过上步操作，Photoshop 处于动作记录状态，用户可以根据需要进行相关的图像处理与编辑操作。在图像中所做的操作都会被记录下来，并且每步动作的名称都会显示在"动作"控制面板上。当创建完所有的动作后，单击"动作"控制面板底部的"停止播放/记录"按钮 即可完成动作的创建。操作如图 11-6 和图 11-7 所示。

<table>
<tr><td></td><td></td></tr>
<tr><td align="center">图 11-6 新建的动作</td><td align="center">图 11-7 记录的相关操作</td></tr>
</table>

> **注意** 在记录的动作中，一些动作前面有小方框□的图标，表示该动作有对话框或者其他的相关设置。

11.1.4 插入菜单命令

在"动作"面板中，可插入一些命令到已经录制好的动作清单中。具体操作方法如下。

Step **01** 在"动作"面板中的动作列表框中选择要插入命令的目标位置，单击"开始记录"按钮 ，然后单击"动作"面板右上角的 按钮，在下拉菜单中选择"插入菜单项目"命令，如图 11-8 所示，弹出"插入菜单项目"对话框。

Step **02** 单击"插入菜单项目"对话框中的"确定"按钮，操作如图 11-9 所示。

Step **03** 执行相关的菜单操作命令，如选择"滤镜→风格化→风"菜单命令，对图像执行吹风操作，然后单击"确定"按钮即可。

Step **04** 经过上步操作后，即可在"动作"|面板中选择的动作下面插入一个菜单项目"风"，然后单击面板底部的"停止播放/记录"按钮，效果如图 11-10 所示。

<table>
<tr><td>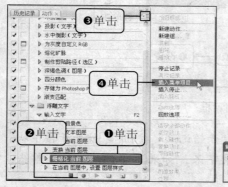</td><td>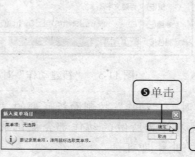</td><td>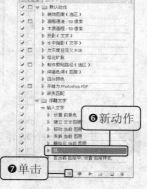</td></tr>
<tr><td align="center">图 11-8 选择"插入菜单项目"命令</td><td align="center">图 11-9 "插入菜单项目"对话框</td><td align="center">图 11-10 完成命令插入</td></tr>
</table>

11.1.5 存储与播放动作

在 Photoshop 中创建好动作后，既可以保存动作，也可以通过播放动作来快速编辑相同的图像效果。

1. 保存动作

如果将某一动作已存储，即使重新安装了系统，也可以快速载入存储的动作。具体操作方法如下。

Step 01 在"动作"面板中选择要存储的目标动作组，如"浮雕文字"，单击面板右上角的▤ 按钮，在下拉菜单中选择"存储动作"命令，操作如图 11-11 所示。

Step 02 经过上步操作，打开"存储"对话框，选择动作的保存位置，并输入动作名称，然后单击"保存"按钮即可，操作如图 11-12 所示。

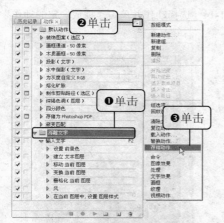

图 11-11　选择"存储动作"命令

图 11-12　保存动作

> **提示**　当保存好创建的动作后，以后重装系统就不必再次重新创建动作，只需通过"载入动作"命令将保存的动作载入到 Photoshop 中即可使用。

2. 播放动作

如果在一幅图像中要制作或编辑出相关的动作效果，可以在"动作"面板中选择要执行的动作，然后单击"动作"控制面板底部的"播放选定的动作"按钮▶，或者按在创建新动作时设置的快捷键，就会在文件上自动地创建出预先记录的动作效果。例如，通过播放"动作"面板中的"木质画框-50 像素"动作，给图像添加木质画效果，具体操作方法如下。

Step 01 选择"文件→打开"菜单命令，弹出"打开"对话框，选择一幅图像并打开，效果如图 11-13 所示。

Step 02 调出"动作"控制面板，在动作列表框中选择名称为"木质画框-50 像素"的动作，然后单击面板底部的"播放选定的动作"按钮▶，操作如图 11-14 所示。

Step 03 经过上步操作，弹出"信息"对话框，单击"继续"按钮，即可完成动作的播放。操作及效果如图 11-15 和图 11-16 所示。

图 11-13 打开的素材图像

图 11-14 选择动作并单击"播放选定的动作"按钮

图 11-15 "信息"对话框

图 11-16 动作播放效果

在播放动作的过程中，有以下几个事项需要读者注意。

- 动作播放完成后一般都将在"图层"面板中生成相应的图层，通过对图层的再次编辑操作可以对播放后的效果进行调整，如调整图像色彩等。
- 在播放某些动作过程中，如果打开了类似如图 11-15 所示的"信息"对话框，单击"继续"按钮，继续执行动作。对于打开的参数确认等对话框，重新设置所需的参数后单击"确定"按钮即可。
- 大部分动作在播放前都创建了历史记录快照，因此在播放动作后，如果要还原到播放前的图像效果，可通过单击"历史记录"面板中的快照来快速恢复图像效果。
- 动作的播放与当前图像的一些设置有关，如大小、前背景颜色等，如果不能正常播入或播放后得不到所需的效果，可依次展开该动作下的每个操作步骤查看其设置，对当前设置进行修改后再播放动作。
- 单击"动作"面板右上角的 按钮，在弹出的下拉菜单中选择"回放选项"命令，在打开的对话框中可以选择所需的播放速度。

11.2 使用批处理功能

在"动作"面板中一次只能对一个图像文件播放动作。而使用"批处理"命令可以通过动作对电脑中某个文件夹中的所有图像文件播放动作，并可存储到另一文件夹中，以实现自动批处理图像的目的。

11.2.1 认识"批处理"对话框

批处理功能可以将指定文件夹中的图像文件批量选择指定的动作指令。例如，如果通过扫描仪、数码相机、网络得到许多需要进行同样处理的图片，这时就可以用批处理一次完成。另外，批处理也可以用于视频合成。

选择"文件→自动→批处理"菜单命令，即可打开"批处理"对话框，如图11-17所示。

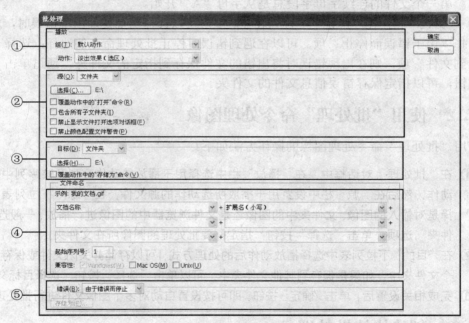

图 11-17　"批处理"对话框

在"批处理"对话框中，其常用参数设置如下。

① "播放"栏：在"播放"栏中，用户可以分别设置批处理的组和动作。

② "源"栏：在"源"下拉列表中，用户可以选择批处理的文件来源。其中，选择"文件夹"项，表示文件来源为指定文件夹中的全部图像，通过单击"选择"按钮，就可以指定来源文件所在的文件夹；选择"导入"项，表示从其他文件格式或通过扫描仪来获取来源图像；选择"打开的文件"项，表示批处理当前打开的所有文件。勾选"覆盖动作中的'打开'命令"复选框，当选择的动作中包含打开命令时，就会自动跳过。勾选"包含所有子文件夹"复选框，选择批处理命令时，若指定文件夹中包含子文件夹，则子文件夹中的文件将一并选择批处理命令。"禁止颜色配置文件警告"复选框，可以设置在打开的图

像文件的色彩与原嵌入定义文件不同时，是否要出现 Embedded Profile Mismatch 对话框。在该对话框中，用户可以选择打开文件的方式。

③ "目标"栏：在"目标"下拉列表中，用户可以选择图像处理后保存的方式。选择"无"项，表示不保存；选择"存储并关闭"项，表示可让动作中的"存储为"命令引用批处理的文件，而不是动作中指定的文件名和位置。如果选择此选项，则动作中必须包含一个"存储为"命令，因为"批处理"命令不会自动存储原文件；选择"文件夹"项，可以指定一个文件夹来保存处理后的图像。勾选"覆盖动作中的'存储为'命令"复选框，表示当选择的动作中包含另存为命令，就会自动跳过。

④ "文件命名"栏：如果将文件写入新文件夹，请指定文件命名约定，从弹出的下拉列表中选择命名元素，或在字段中输入要组合为全部文件的默认名称的文本。通过这些字段，可以更改文件名各部分的顺序和格式。每个文件必须至少有唯一的字段（例如，文件名、序列号或连续字母）以防文件相互覆盖。"起始序列号"为所有序列号字段指定起始序列号。第一个文件的连续字母字段总是从字母"A"开始。

⑤ "错误"栏：在"错误"下拉列表中，用户可以选择当批处理出现错误时，怎样处理。选择"由于错误而停止"项，可以在遇到错误时停止批处理命令的选择；选择"将错误记录到文件"项，则在出现错误时将出错的文件保存到指定的文件夹，通过单击"存储为"按钮，可以指定保存错误信息文件的文件夹。

11.2.2 使用"批处理"命令处理图像

使用"批处理"命令处理图像的操作方法如下。

Step 01 在"批处理"对话框中，在"播放"栏中选择用于播放的动作序列及该序列中的某个动作，然后在"源"栏中设置用于播放所选动作的源文件，在"源"下拉列表中可选择是对输入的图像、文件夹中的图像还是文件浏览器中的图像进行播放，一般选择"文件夹"选项，单击"选择"按钮，指定需要批处理的图像所在文件夹。

Step 02 在"目的"下拉列表中选择播放动作后的处理方式，可以存储并关闭文件或保存到另一个文件夹中。如果是保存到其他文件夹中，可以单击"选择"按钮，选择目标文件夹。

Step 03 完成相关设置后，单击"确定"按钮，即可按设置自动对多个图像文件进行批处理操作。

11.2.3 创建快捷批处理

快捷批处理可以创建一个.exe可执行文件，用户运行此文件后，可以将动作应用于一个或多个图像，还可以将"快捷批处理"图标拖动到需要处理的图像文件夹中。用户可以将快捷批处理命令存储在桌面上或磁盘上的另一位置。创建快捷批处理的具体操作步骤如下。

Step 01 执行"文件→自动→创建快捷批处理"命令，弹出"创建快捷批处理"对话框，如图 11-18 所示，单击对话框的"将快捷批处理存储为"栏中的"选择"按钮，弹出"存储"对话框，在对话框中指定放置批处理的路径，完成设置后，单击"保存"按钮，如图 11-19 所示。

图 11-18 "创建快捷批处理"对话框

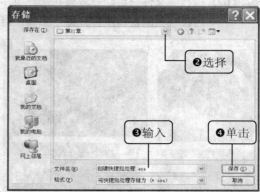

图 11-19 保存批处理

Step 02 返回"创建快捷批处理"对话框中,选择"动作组",然后指定在"组"和"动作"菜单中使用的动作。在打开对话框前选择"动作"面板中的动作可以预先选择这些菜单。

Step 03 设置其他文件命名选项等,此处和"批处理"对话框中的设置方法相同。完成设置后,单击"确定"按钮,如图 11-20 所示。在指定的存储快捷批处理位置将出现批处理图标,如图 11-21 所示。

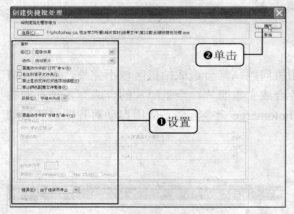

图 11-20 确认设置

图 11-21 查看批处理文件

11.2.4 裁剪并修齐照片

用户可以在扫描仪中放入若干照片并一次性进行扫描,扫描完成后将创建一个图像文件。"裁剪并修齐照片"命令是一项自动化功能,可以通过多图像扫描创建单独的图像文件。

> **注意** 为了获得最佳结果,要扫描的图像之间应该保持 1/8 英寸的间距,而且背景(通常是扫描仪的台面)应该是没有杂色的均匀颜色。"裁剪并修齐照片"命令最适于外形轮廓十分清晰的图像。

使用"裁剪并修齐照片"命令对照片进行裁切,并修齐的具体操作步骤如下。

Step 01 在 Photoshop 中打开几幅图片文件,如图 11-22 所示。

Step 02 执行"文件→自动→裁剪并修齐照片"命令，Photoshop 将对扫描后的图像进行处理，然后在各自的窗口中打开每个图像，得到一系列裁切并自动修齐的图片，如图 11-23 所示。

图 11-22 素材文件

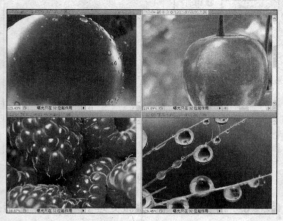

图 11-23 自动修齐图片

> **提示**
> 如果"裁剪并修齐照片"命令对某一张图像进行的拆分不正确，可以围绕该图像和部分背景创建一个选区，然后在按住【Alt】键的同时执行"裁剪并修齐照片"命令。Photoshop 会将选区内的图像从背景中分离出来。

11.2.5 自动拼合全景图

在实际拍摄照片时，由于拍摄角度或相机问题，常会造成拍摄区域不完整。在这种情况下，可以拍摄多幅照片，并应用这些照片合成全景照片。全景照片的合成有多种不同的操作方式，分别可以通过图层蒙版、应用 Photomerge 命令合成、应用自动对齐图层和自动混合图层合成全景照片。

1. Photomerge 命令

执行"文件→自动→Photomerge"命令，可以打开 Photomerge 对话框，如图 11-24 所示。

- 在"使用"下拉列表中，可以选择应用拼合文件所在的文件夹，或者直接选择需要的文件，单击"浏览"按钮，可以打开相应的对话框选择目标文件；如果需要拼合的照片在 Photoshop 中已经打开，可以单击"添加打开的文件"按钮，打开的文件将自动添加到中间的文件列表框中。

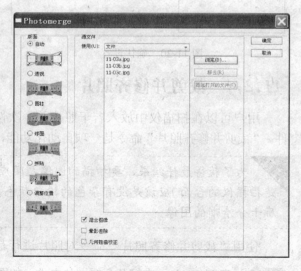

图 11-24 Photomerge 对话框

- 在"版面"栏中，可以选择拼合的版面方式。一般情况下，选择"自动"单选按钮，用户可以根据素材情况，选择适当的版面方式。
- 勾选"晕影去除"复选框，可以去除图片四周的晕影，使拼合图更加干净。

2．自动对齐图层

执行"编辑→自动对齐图层"命令，将会打开"自动对齐图层"对话框，如图 11-25 所示。

"自动对齐图层"命令可以根据不同图层中的相似内容（如角和边）自动对齐图层。可以指定一个图层作为参考图层，也可以让 Photoshop 自动选择参考图层。其他图层将与参考图层对齐，以便于匹配的内容能够自行叠加。

3．自动混合图层

执行"编辑→自动混合图层"命令，将会打开"自动混合图层"对话框，在其中可以缝合或组合图像，从而在最终复合图像中获得平滑的过渡效果，如图 11-26 所示。

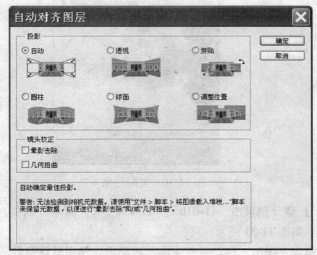

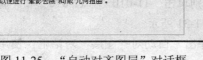

图 11-25　"自动对齐图层"对话框　　　　图 11-26　"自动混合图层"对话框

"自动混合图层"命令将根据需要对每个图层应用图层蒙版，以遮盖过度曝光或曝光不足的区域及内容差异。该命令仅适用于 RGB 或灰度图像，不适用于智能对象、视频图层、3D 图层或背景图层。

4．接合多个图片

使用 Photoshop CS5 的 Photomerge 命令，可以快速地将多张照片接合成一幅广角效果的照片，具体方法如下。

Step 01 打开素材文件"11-01a.jpg"、"11-01b.jpg"，分别如图 11-27 和图 11-28 所示。

Step 02 按【Ctrl+A】快捷键全选图像，切换到文件"12-01a.jpg"中，按【Ctrl+V】快捷键粘贴图像，更改图层名称为"11-01b"，如图 11-29 所示。

Step 03 打开素材文件"11-01c.jpg"，使用相同的方法复制并粘贴到"11-01a.jpg"中，图层更名为"11-01c"，如图 11-30 所示。

图 11-27　素材文件 1

图 11-28　素材文件 2

图 11-29　复制图像（一）

图 11-30　复制图像（二）

Step 04 在"图层"面板中，按住【Ctrl】键分别单击"11-01b"、"11-01c"和"背景"图层，同时选中 3 个需要拼合的图层，如图 11-31 所示。

Step 05 执行"编辑→自动对齐图层"命令，弹出"自动对齐图层"对话框，使用默认参数，单击"确定"按钮，如图 11-32 所示。

图 11-31　选择所有图层

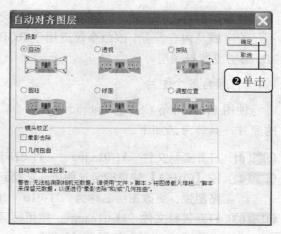
图 11-32　"自动对齐图层"对话框

Step 06 通过前面的操作，画布自动增大，并对齐图层，使3幅图片实现无缝拼接，完成的效果如图11-33所示。

Step 07 执行"图层→拼合图像"命令，选择工具箱中的"仿制图章工具"，修补边缘拼合不完整的区域，最终效果如图11-34所示。

图11-33　对齐图层效果

图11-34　拼合图层完成效果

11.3 文件输出

　　无论是要将图像打印到桌面打印机还是将图像进行印刷输出，了解一些有关打印的基础知识都会使打印作业更顺利，并有助于确保输出的图像达到预期的效果。

11.3.1　打印基础知识

- 打印类型：对于多数 Photoshop 用户而言，打印文件意味着将图像发送到喷墨打印机。Photoshop 可以将图像发送到多种设备，以便直接在纸上打印图像或将图像转换为胶片上的正片或负片图像。在后一种情况中，可以使用胶片创建主印版，以便通过机械印刷机印刷。

- 图像类型：最简单的图像（如艺术线条）在一个灰阶中只使用一种颜色。较复杂的图像（如照片）则具有不同的色调。这类图像称为连续色调图像。

- 分色：打算用于商业再生产并包含多种颜色的图片必须在单独的主印版上打印，一种颜色一个印版。此过程（称为分色）通常要求使用青色、黄色、洋红和黑色（CMYK）油墨。在 Photoshop 中，可以调整生成各种印版的方式。

- 细节品质：打印图像中的细节取决于图像分辨率（每英寸的像素数）和打印机分辨率（每英寸的点数）。多数 PostScript 激光打印机的分辨率为 600 dpi，而 PostScript 激光照排机的分辨率为 1200 dpi 或更高。喷墨打印机所产生的实际上不是点而是细小的油墨喷雾，可产生 300～720 dpi 的分辨率。

11.3.2　桌面输出

　　用户如果不是在印刷公司工作，常需要的是将图像打印到桌面打印机（如喷墨打印机、染色升华打印机或激光打印机），Photoshop 允许用户控制图像的打印方式。

　　显示器使用光显示图像，而桌面打印机则使用油墨、染料或颜料重现图像。出于此原因，桌面打印机无法重现显示器上显示的所有颜色。但是，用户可以在工作流程中采用某些过程（例如色彩管理系统），这样，在将图像打印到桌面打印机时就可以实现预期效果。在处理想要打印的图像时，有以下注意事项。

- 如果图像是 RGB 模式的，则打印到桌面打印机时不要将文档转换为 CMYK 模式。请始终在 RGB 模式下工作。通常，桌面打印机被配置为接受 RGB 数据，并使用内部软件转换为 CMYK。如果发送 CMYK 数据，大多数桌面打印机还是会应用转换，从而导致不可预料的结果。
- 在打印到任何有配置文件的设备时，如果您要预览图像，可使用"校样颜色"命令。
- 要在打印出的页面上精确地重现屏幕颜色，必须在工作流程中结合色彩管理，使用经过校准并确定其特性的显示器。理想情况下，尽管随打印机一起提供的配置文件可以产生可接受的结果，但还是应该专门为打印机和用于打印的纸张创建自定的配置文件。

11.3.3 打印输出

在输出图像前，首先要进行正确的打印设置，在 Photoshop CS5 中系统把页面设置和打印功能集成到"打印"对话框中。执行"文件→打印"命令，弹出"打印"对话框，完成打印设置后，单击"打印"按钮，即可以用户设置的参数进行文件打印；单击"完成"按钮，将保存用户设置的打印参数而不进行文件打印，如图 11-35 所示。

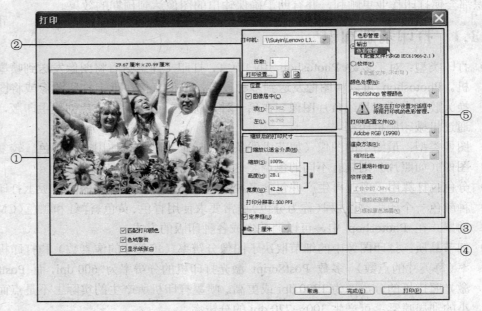

图 11-35　"打印"对话框

① 预览打印框：在预览打印框中，可以预览图像在纸张上的打印大小和打印效果。

- 匹配打印颜色：在需要 Photoshop 管理颜色时，启用此复选框可在预览区域中查看图像颜色的实际打印效果。
- 色域警告：在选中"匹配打印颜色"复选框时，启用此复选框将在图像中高亮域显示溢色，具体取决于选定的打印机配置文件。色域是指颜色系统可显示或打印的颜色范围。以 RGB 格式显示的颜色在当前的打印机配置文件中可能会溢色。

- 显示纸张白：将预览中的白色设置为选定的打印机配置文件中的纸张颜色。如果在比白色带有更多浅褐色的灰白色纸张（如新闻纸或艺术纸）上进行打印，使用此复选框可产生更加精确的打印预览。由于绝对的白色和黑色产生对比度，纸张中的白色较少会降低图像的整体对比度。灰白色纸张还会更改图像的整体色偏，所以在浅褐色的纸张上打印的黄色会显得更接近褐色。

② 设置打印机和打印作业选项：在"打印机"下拉列表中可以选择打印机类型；在"份数"文本框中可以输入打印的份数；单击"纵向打印纸张"按钮 🖨，可以调整打印方向为纵向，单击"横向打印纸张"按钮 🖨，可以调整打印方向为横向。单击"打印设置"按钮，可以打开相应的打印机属性设置对话框，如图 11-36 所示，用户可以根据需要设置纸张大小、来源和页面方向；如果切换到"高级"选项卡，还可以设置打印"分辨率"、"省墨模式"等参数，如图 11-37 所示，可用的选项取决于选择的打印机类型、打印机驱动程序和操作系统。

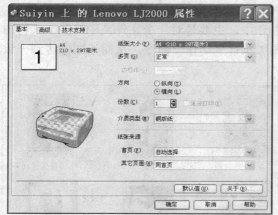

图 11-36　打印机属性设置

图 11-37　设置"高级"打印参数

③ 位置：在"位置"栏中，勾选"图像居中"复选框后，图像将自动位于打印纸张中央；取消"图像居中"复选框后，用户可以在"顶"和"左"文本框中输入数值定位图像。

④ 缩放后的打印尺寸：勾选"缩放以适合介质"复选框后，图像将自动缩放打印到当前用户设置的纸张中；取消"缩放以适合介质"复选框后，在"缩放"、"高度"、"宽度"文本框中可以输入打印的缩放比例；勾选"定界框"复选框后，在打印预览窗口中图像周围会出现变换框，拖动控制手柄可以放大和缩小打印尺寸。

> **提示** 需要注意的是，缩放打印后，打印分辨率会自动进行调整。例如，如果在"打印"对话框中将 72 ppi 图像缩放到 50%，则图像将按 144 ppi 打印；但"图像大小"对话框中的文档大小设置将不会更改。"缩放后的打印尺寸"栏下方的"打印分辨率"字段显示当前缩放设置下的打印分辨率。

⑤ 在"色彩管理"下拉列表中，选择"输出"选项，用户可以在下方进行打印标记、背景、边界、出血等设置；选择"色彩管理"选项，下方将出现色彩管理相关选项，用户可以进行色彩管理，以确保打印和印刷质量。

提示 执行"文件→打印一份"命令或按【Alt+Shift+Ctrl+P】快捷键将以用户在"打印"对话框中设置的打印参数进行文件输出，Photoshop 会弹出相应提示对话框，如图 11-38 所示。

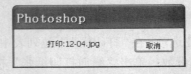

图 11-38　开始打印

11.4 上机实训——对多个图像进行批处理

实例说明

本例效果如图 11-39 所示。在本实例的制作中，主要是对一个文件夹中的多个人物图像文件，使用"批处理"命令的同时给多个图像执行"动作"命令，从而让图像达到一致的处理效果。

（a）原图像效果

（b）批处理后的效果

图 11-39　批处理图像

学习目标

通过对本例的学习，让用户认识和掌握"动作"及"批处理"命令在图像处理中的使用方法与技巧。

原始文件：	素材文件\第 11 章\写真照片\写真 01.jpg～写真 06.jpg
结果文件：	结果文件\第 11 章\相框照片\写真 01.jpg～写真 06.jpg
同步视频文件：	同步教学文件\第 11 章\11.4 上机实训——对多个图像进行批处理.mp4

下面使用"批处理"命令对图 11-39（a）所示的人物图像都进行"木质画框-50 像素"的图像效果编辑处理。

Step 01 执行"文件→自动→批处理"菜单命令，打开"批处理"对话框。

Step 02 在"批处理"对话框的"播放"栏中，打开"组"下拉列表，选择"默认动作"选项；打开"动作"下拉列表，选择"木质画框-50 像素"的动作，然后在"源"栏中选择"文件夹"选项，并单击"选择"按钮，打开"浏览文件夹"对话框，操作如图 11-40 所示。

Step 03 在"浏览文件夹"对话框中，选择需要处理图像文件的文件夹（该文件夹中存放有多个图像文件），如选择"写真照片"文件夹，然后单击"确定"按钮，操作如图 11-41 所示。

图 11-40 "批处理"对话框　　　　图 11-41 选择存放源图像的文件夹

Step 04 经过上步操作，返回到"批处理"对话框中，在"目标"栏中选择"文件夹"选项，并单击"选择"按钮，打开"浏览文件夹"对话框，选择用于存放处理后的图像文件的位置，如选择"相框照片"文件夹，然后单击"确定"按钮，操作如图 11-42 和图 11-43 所示。

图 11-42 设置"目标"参数　　　　图 11-43 选择存放结果图像的文件夹

Step 05 经过上步操作，返回到"批处理"对话框中，在下面的"文件命名"栏中可以设置文件被处理后自动保存的文件名的组成及格式，然后单击"确定"按钮，操作如图 11-44 所示。

Step 06 经过上步操作，Photoshop 就会自动根据选择的动作成批处理选择文件夹中的图像文件。在处理过程中，有可能会弹出"信息"对话框，单击"继续"按钮。处理完毕，显示"另存为"对话框，对处理完毕的文件进行保存即可。图像处理后的效果如图 11-45 所示。

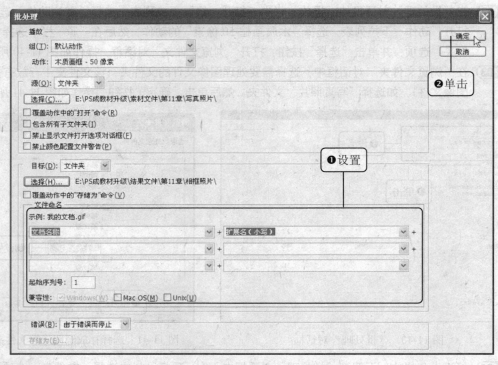

图 11-44　设置相关参数并确定

图 11-45　批处理图像后的效果

11.5 本章小结

　　对于处理或编辑相同效果的图像来说，Photoshop CS5 的自动执行功能，是一种非常不错的选择。用户结合"动作"与"批处理"命令，可以大大提高工作效率。

11.6 本章习题

1. 选择题

（1）按以下哪组快捷键即可显示出"动作"面板？（　　）

　　A.【Alt＋F9】　　　　　　　B.【Ctrl＋F9】

　　C.【Alt＋F2】　　　　　　　D.【Alt＋F2】

（2）在"动作"面板中的底部，以下按钮中（　　）是"播放"按钮，（　　）是"记录动作"按钮。

　　A. ■　　　　　　B. ▶　　　　　　C. ●　　　　　　D. ▭

（3）在播放动作时，如果要调整动作的播放速度，则可以通过单击"动作"面板右上角的 ▾≡ 按钮，在下拉菜单中选择以下哪个命令进行设置？（　　）

　　A. 插入菜单项目　　B. 插入停止　　C. 动作选项　　D. 回放选项

（4）要对多个图像文件同时执行相同的动作操作，可以使用以下哪个命令？（　　）

　　A. 批处理　　　　B. 图片包　　　　C. PDF 演示文稿　　D. 滤镜

2. 判断题

（1）利用 Photoshop CS5 的动作功能，可以将用户所执行的操作录制下来，然后对其他图层中的图像或另外的文件播放该动作，就能快速得到相同的处理效果。（　　）

（2）动画组的作用相当于一个文件夹，就是将多个执行的动作存放在动作组中，可以更有效率地对动作进行管理。（　　）

（3）将创建的动作保存在电脑的磁盘中，以后重装系统或重装 Photoshop 软件，只需载入动作即可使用。（　　）

（4）"批处理"命令只能对 6 个或 6 个以下的图像同时执行动作进行批处理操作。（　　）

（5）文档在打印前不进行打印设置，可以直接进行打印操作，但这种打印操作不能保证打印效果的正确性。（　　）

（6）在"打印"对话框中设置文档的打印份数，就是指将几幅图像进行打印。（　　）

3. 上机操作

（1）通过"动作"面板创建一个动作，并将其动作保存起来。

（2）在"动作"面板中载入"图像效果"动作，打开一幅图像，对图像执行"暴风雪"动作，并观看执行动作后的图像效果。

（3）新建一个文件夹，将多幅图像复制到该文件夹中，使用"批处理"命令对该文件夹中的图像文件执行"霓虹灯光"动作的效果处理，并将处理后的图像文件保存在另一个文件夹中。

（4）打开一幅图像，对图像进行打印操作。

第12章

Photoshop 特效制作应用

　　本章实例主要制作文字综合特效和图像特效。文字是设计中不可缺少的一部分，文字的形式和效果在设计中占据了非常重要的地位，甚至可以决定整体效果的好坏。图像特效是 Photoshop 中最强大的功能，将图像和素材进行适当调整与制作，可以产生一种颇具视觉冲击的效果。

　　通过本章的学习和应用，在以后的工作和实践中不仅可以更深入地体会 Photoshop 的强大功能，还可以举一反三，制作出更多不同的效果。

本章知识点

◎　相关行业知识

◎　Photoshop 特效制作应用

12.1 相关行业知识

艺术字的应用很广泛，主要应用于广告设计、包装设计、电影海报设计、网页设计和影楼照片处理等领域。图像特效跟艺术字一样，可应用于诸多设计领域中。通过将艺术字和图像特效的结合，可以制作出很多特殊的艺术效果。下面分别对它们的相关知识进行介绍。

12.1.1 艺术字的应用领域

艺术字在设计中占有很重要的地位，艺术字主要通过在文字上表现不同的质感，从而体现出文字的艺术效果。艺术字广泛应用于多个领域，下面介绍一些常见领域的应用。

1. 电影海报领域

电影海报主要分为图片和文字两个部分，有的以图片为整个海报中的主体；有的则以文字为整个海报的主体。不管是图片还是文字主体的，都离不开文字的运用。在电影海报中，文字的处理一般较为讲究，风格必须和整个的图像相搭配，其文字的外形也经过变形处理，使其具有一定的艺术气息。电影海报中文字效果如图 12-1 所示。

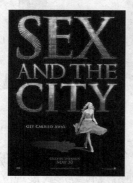

图 12-1　电影海报中文字效果

2. 艺术文字领域

现代的文字已经不仅仅是起到解释说明的作用，同时还是艺术创作的一个重要途径。目前将文字作为创作主体的艺术作品数不胜数，通过文字表现不同的质感，能够带来一种全新的视觉感受。艺术文字效果如图 12-2 所示。

图 12-2　艺术文字效果

12.1.2 图像特效的应用领域

图片特效的应用领域非常广泛，在任何设计中可以运用图像特效制作来为设计添加意想不到的效果。

1. 平面广告领域

在平面广告中，图像的特效制作往往能让原本平面的画面体现出特殊的立体效果，让整个画面能在众多广告中脱颖而出。平面广告图像特效如图 12-3 所示。

图 12-3 平面广告图像特效

2. 包装设计领域

包装是造型、色彩和材质三者的综合体，其中"材质"作为包装的载体，在整个包装发展过程中起到了不可忽视的作用。产品内容本身，都必须透过包装形式展现立体感，而这种立体的造型又随着包装方法、包装材料的不同而产生变化，并通过人的感官传给人一种心里感受，陶冶人们的情操。实物材质特效是制作包装效果图中较为常见的一种方式，通过模拟现实的材质能很直观地传达出效果。包装图像特效如图 12-4 所示。

图 12-4 包装图像特效

12.2 Photoshop 特效制作应用

前面学习了相关知识，本节通过具体实例制作为读者介绍 Photoshop 特效制作方面的应用。

12.2.1 制作火焰线框特效艺术字

艺术字的应用范围非常广泛，在生活中各种字体效果都可通过 Photoshop CS5 的多种图层样式和色彩调整制作出来。本小节以制作线框形式的火焰燃烧特效字为例，效果如图 12-5 所示。这里介绍 Photoshop 中特效文字的制作，旨在抛砖引玉，用户可以自己拓展思路制作其他特效。

图 12-5　火焰字特效

本例主要是结合云彩滤镜和色彩调整制作出效果。在 Photoshop 中，由于云彩滤镜生成的效果是随机的，所以即使是使用同一方法，每次制作出来的效果也不会完全相同。

原始文件：	无
结果文件：	结果文件\第 12 章\12-01.psd
同步视频文件：	同步教学文件\第 12 章\12.2.1　制作火焰线框特效艺术字.mp4

本实例的具体操作步骤如下。

Step 01 执行"文件→新建"命令，打开"新建"对话框，命名为"12-01"，设置"宽度"为 600 像素、"高度"为 400 像素，分辨率为 300 像素/英寸，单击"确定"按钮，如图 12-6 所示。

Step 02 选择工具箱中的"横排文字工具"，设置字体为"汉仪粗黑简"、字号为"46px"，在图像中输入文本"火焰字"，完成的效果如图 12-7 所示。

Step 03 选中"火焰字"文字图层，右击该文字图层，从弹出的快捷菜单中选择"栅格化图层"，将矢量图层文字栅格化为像素图像。单击图层前的"指示图层可见性"图标，隐藏该图层。选中"背景"图层，单击图层面板底部的"创建新组"按钮，新建一个图层组，并命名为"效果 1"，如图 12-8 所示。

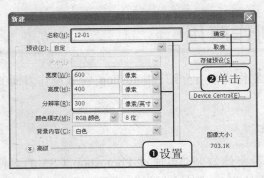

图 12-6 新建文件

图 12-7 输入文字

Step 04 选中"效果 1"图层组，单击"创建新图层"按钮，"效果 1"图层组下新建一个图层，命名为"云彩"，并选中该图层。现在将调色板前景色设置为"白色"，背景色设置为"黑色"。执行"滤镜→渲染→云彩"命令，得到一个随机的云彩效果，如图 12-9 所示。

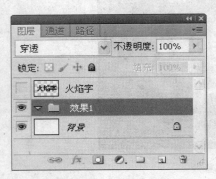

图 12-8 栅格化文字并创建图层组

图 12-9 云彩滤镜效果

Step 05 执行"滤镜→渲染→分层云彩"命令，对"云彩"图层应用该滤镜，并按【Ctrl+F】快捷键，重复使用该滤镜，直到获得满意的效果为止，完成的效果如图 12-10 所示。

Step 06 复制"火焰字"图层，更名为"火焰字 2"，并移动到"云彩"图层上方，填充"火焰字 2"的透明区域为"白色"，再执行"滤镜→模糊→高斯模糊"命令，在对话框中设置"半径"为 8，完成的效果如图 12-11 所示。

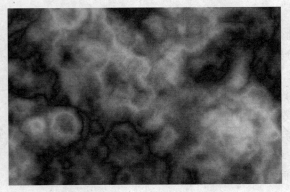

图 12-10 分层云彩滤镜效果

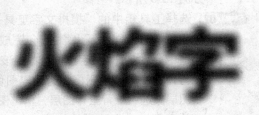

图 12-11 高斯模糊效果

Step 07 设置"火焰字 2"图层的"不透明度"选项为 61%；单击图层面板下的"创建新的填充或调整图层"按钮，在下拉菜单中选择"色阶"命令，在弹出的"色阶"对话框中拖动"输入色阶"的白色滑块到 164，完成的效果如图 12-12 所示。

Step 08 单击"图层"面板下的"创建新的填充或调整图层"按钮，在下拉菜单中选择"曲线"命令，在弹出的"曲线"对话框中编辑曲线，调整设置如图 12-13 所示。

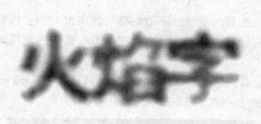
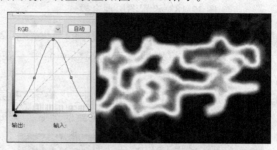

图 12-12　调整色阶效果　　　　　　　图 12-13　调整曲线效果

Step 09 执行"图层→新建调整图层→色阶"命令，在弹出的"色阶"对话框中调整红色通道色阶值为 29、3.75、255，如图 12-14 所示。

Step 10 在"色阶"对话框中调整绿色通道色阶值为 0、0.5、255，如图 12-15 所示。

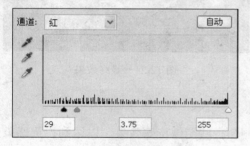
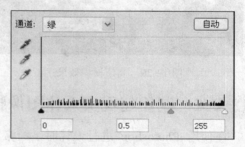

图 12-14　调整红色通道色阶　　　　　　图 12-15　调整绿色通道色阶

Step 11 在"色阶"对话框中调整蓝色通道色阶值为 0、0.1、255，如图 12-16 所示。

Step 12 通过前面的色阶调整，完成的效果如图 12-17 所示。

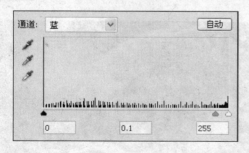

图 12-16　调整蓝色通道色阶　　　　　　图 12-17　调整后的效果

Step 13 拖到"效果 1"图层组到"创建新图层"按钮上，复制图层组，更名为"效果 2"，同时将该图层组的图层混合模式改为"滤色"，效果如图 12-18 所示。

Step 14 展开"效果 2"图层组，选中该组下的"云彩"图层，执行"滤镜 → 渲染 → 分层云彩"命令，完成的效果如图 12-19 所示。

图 12-18　设置图层混合模式

图 12-19　分层云彩效果

Step 15 单击"效果 2"图层组中的"火焰字 2"图层，更改"不透明度"选项为 60%，执行"滤镜→模糊→高斯模糊"命令，在对话框中设置"半径"为 80，完成的效果如图 12-20 所示。

Step 16 按住【Ctrl】键的同时单击"火焰字"图层，载入隐藏图层"火焰字"选区，按【Alt+Delete】快捷键，用前景色填充当前选区，完成的效果如图 12-21 所示。

图 12-20　高斯模糊效果

图 12-21　最终效果

12.2.2　制作超现实人体图像特效

在使用 Photoshop 进行设计时，经常需要制作一些图像特殊效果，以达到视觉感染的目的。本小节主要给读者介绍一个图像特效制作实例。

本实例使用素材文件进行组合，创建出拉链中的人体视觉效果，接着使用炫光素材为人物添加华丽的光影彩纹人体效果，最后使用"镜头光晕"命令为整体图像添加舞台光照，效果如图 12-22 所示。

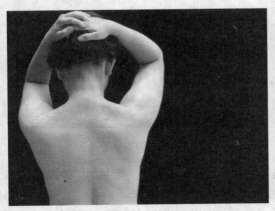

图 12-22　超现实人体图像特效

原始文件:	素材文件\第 12 章\ 12-01.jpg～12-03.jpg
结果文件:	结果文件\第 12 章\12-02.psd
同步视频文件:	同步教学文件\第 12 章\12.2.2　制作超现实人体图像特效.mp4

本实例的具体操作步骤如下。

Step 01 打开素材文件"12-01.jpg"，如图 12-23 所示。再打开素材文件"12-02.jpg"，按【Ctrl+A】快捷键全选图像，按【Ctrl+C】快捷键复制图像，切换到"12-01.jpg"文件中，按【Ctrl+V】快捷键粘贴图像，将生成的图层命名为"拉链"，更改图层混合模式为"强光"，并移动到图像中适当的位置，如图 12-24 所示。

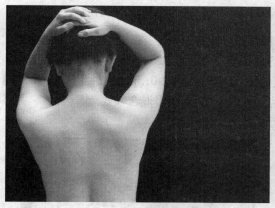
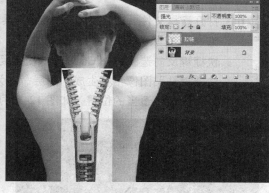

图 12-23　素材文件　　　　　　　　图 12-24　复制素材图像

Step 02 选择"魔棒工具"，在选项栏中设置"容差"为 10，在拉链图像白色区域内单击鼠标左键，创建选区，如图 12-25 所示。按【Del】键删除图像，按【Ctrl+D】快捷键取消选择，如图 12-26 所示。

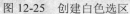
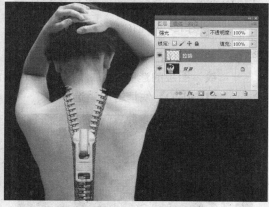

图 12-25　创建白色选区　　　　　　　图 12-26　删除多余图像

Step 03 复制"背景"图层，更名为"背部"，使用"套索工具"创建选区，如图 12-27 所示。选择工具箱中的"加深工具"，在选项栏中设置"范围"为"亮光"、"曝光度"为30%，选择一个软边画笔，画笔尺寸为 700px，在选区内单击加深图像颜色，如图 12-28 所示。按【Ctrl+D】快捷键取消选择。

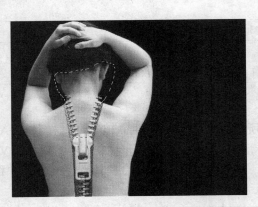

图 12-27　创建"背部"选区

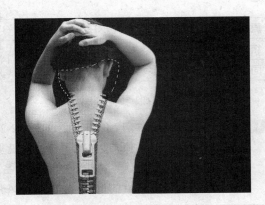

图 12-28　加深图像

Step 04 打开素材文件"12-03.jpg"，选择工具箱中的"魔棒工具"，在选项栏中设置"容差"为 32，在黑色背景处单击鼠标左键，创建选区，如图 12-29 所示。按【Ctrl+Shift+I】快捷键反向选区，按【Ctrl+C】快捷键复制图像，切换到"12-01.jpg"文件中，按【Ctrl+V】快捷键粘贴图像，将生成的图层命名为"彩纹"，更改图层混合模式为"强光"，并移动到图像中适当的位置，如图 12-30 所示。

图 12-29　创建黑色选区

图 12-30　复制图像

Step 05 按住【Ctrl】键的同时，单击"拉链"图层缩览图，载入拉链图层的选区，保持"彩纹"图层的选中状态，如图 12-31 所示。按【Del】键删除图像，如图 12-32 所示，按【Ctrl+D】快捷键取消选择。

图 12-31　载入图层选区

图 12-32　删除图像

Step 06 更改"拉链"图层混合模式为"线性光",如图 12-33 所示。选择"背部"图层,执行"滤镜→液化"命令,在打开的"液化"对话框中,单击左上角的"向前变形工具" 🖌,在人物右边的手腕处拖动鼠标进行液化变形,修复人物右边手腕处缺失的图像,如图 12-34 所示。完成设置后,单击"确定"按钮。

图 12-33　设置图层混合模式

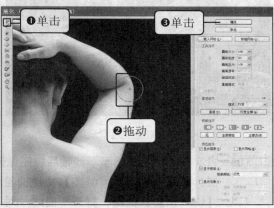

图 12-34　液化图像

提示　对人物身体部分进行液化变形时,拖动鼠标的动作应该轻微,否则,容易使人物的肢体发生严重变形,从而影响整体效果。

Step 07 进行液化变形后,图像效果如图 12-35 所示。选择"背部"图层,执行"滤镜→渲染→镜头光晕"命令,打开"镜头光晕"对话框,在预览框中拖动光源到右上方,设置"亮度"为 125%、"镜头类型"为"电影镜头",如图 12-36 所示。完成设置后,单击"确定"按钮。

图 12-35　图像液化效果

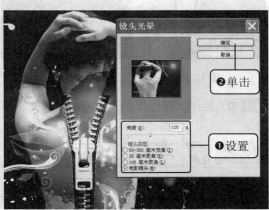

图 12-36　设置镜头光晕

Step 08 添加"镜头类型"滤镜后,图像效果如图 12-37 所示。按【Alt+Ctrl+F】快捷键再次打开"镜头光晕"对话框,在打开的对话框中向左下方拖动光源到适当的位置,设置"亮度"为 150%、"镜头类型"为"35 毫米聚焦",如图 12-38 所示。完成设置后,单击"确定"按钮。

图 12-37　添加镜头光晕后的效果

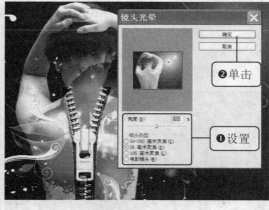

图 12-38　再次设置镜头光晕

Step 09 再次添加"镜头类型"滤镜后，图像效果如图 12-39 所示。选择最上层的"彩纹"图层，按【Alt+Shift+Ctrl+E】快捷键盖印所有图层，生成新图层，命名为"效果"；按【Ctrl+M】快捷键，打开"曲线"对话框，拖动曲线呈"S"形状，增加图像的整体明暗对比，如图 12-40 所示。

图 12-39　添加镜头光晕后的效果

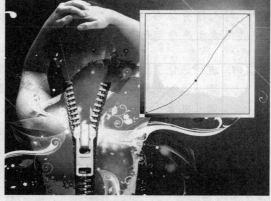

图 12-40　调整曲线

Step 10 经过上述操作后，完成本实例的制作，最终效果参见图 12-22。

12.3 本章小结

本章主要为读者讲解了 Photoshop CS5 在特效艺术字和图像特效方面的应用与制作。通过本章几个实例的具体讲解，希望读者能够领悟到 Photoshop 在特效创意方面的制作方法，并能进行举一反三的应用。

第13章

Photoshop 广告设计应用

在市场经济的今天，对任何一位商家的产品销售来说，广告宣传是必不可少的。在日常生活中，我们的视线每天都在接受着各种产品广告的宣传。

本章结合 Photoshop CS5 广告设计的强大功能，详细介绍几个典型平面广告的设计与制作，讲解 Photoshop CS5 在平面商业广告方面的应用。

本章知识点

- ◎ 相关行业知识
- ◎ Photoshop 广告设计应用

13.1 相关行业知识

在我们生活的这个商业社会中，广告总是体现在我们生活中的每一个方面。就目前市场形势而言，可以说任何产品的成功销售都离不开广告宣传。

13.1.1 什么是广告设计

所谓广告设计，就是指将需要宣传或推销的产品，通过文字、图形、多媒体等元素进行创意组合，以静态或动态的方式公布于众。广告设计重在整个广告产品的制作过程与创意思想。

- 从广告宣传方式及途径来说，可以将广告大致分为报纸广告、电视广告、网络广告、杂志广告、DM 宣传单、POP 广告和灯箱广告等类型。
- 从广告内容组合性质来看，可以分为纯文字广告、图片广告和多媒体广告（如声音、视频等）。
- 从广告传播性质来看，可以分为静态广告（如报纸、杂志、DM 单等）和动态广告（如网络动画广告、电视及电影等多媒体广告）。

当然，广告分类的定位方式不同，其分类的产品也就不一样。如图 13-1 所示就是 3 种典型的平面设计作品。

图 13-1 平面设计作品

13.1.2 广告设计与创意

创意是广告的灵魂。广告创意是对广告设计者能力的挑战，它要求广告设计者要思考而不能乞求于灵感，要遵循一定的创意原则。现代传播学和市场营销理论的发展，为广告创作注入了科学的内涵和新的活力，从而丰富了现代广告的创意策略。

随着我国经济持续高速增长、市场竞争日益扩张、竞争不断升级、商战已开始进入"智"战时期，广告也从以前的所谓"媒体大战"、"投入大战"上升到广告创意的竞争，"创意"一词成为我国广告界最流行的常用词。

广告创意的定位理论是指为了达到理想的信息宣传和传播效果，广告设计人员在进行广告创意时，必须充分考虑消费者的心理需求和对信息的容纳程度，将重点从商品转移到消费者心理研究上，使广告信息和产品信息能给消费者留下深刻的印象，并在其心里占据一个相对明显和稳定的位置。

1．广告创意原则

广告创意具有独创性原则。所谓独创性原则是指广告创意中不能因循守旧、墨守陈规，而要勇于并善于标新立异、独辟蹊径。独创性的广告创意具有最大强度的心理突破效果。与众不同的新奇感是引人注目，且其鲜明的魅力会触发人们浓烈的兴趣，能够在受众脑海中留下深刻的印象。长久地被记忆，这一系列心理过程符合广告传达的心理阶梯目标。

2．广告创意过程

广告创意过程可分以下 5 个阶段。

- 准备期：研究搜集资料，根据旧经验启发新创意，资料分为一般资料和特殊资料。所谓特殊资料，是指专为某一广告活动而搜集的有关资料。
- 孵化期：把所搜集的资料加以咀嚼消化，有意识地进行初加工结合。因为一切创意的产生，都是在偶然的机会中突然发现的。
- 启示期：大多数心理学家认为，印象是产生启示的源泉，所以本阶段是在意识发展与结合中 产生各种创意。
- 验证期：把所产生的创意予以检讨修正，使广告设计效果更趋完美。
- 形成期：以文字、图形、多媒体等元素将创意具体化，设计出最终的广告产品。

13.2 Photoshop 广告设计应用

下面通过两个典型实例，为读者讲解 Photoshop CS5 在平面商业广告设计中的应用。

13.2.1 房产广告 DM 单设计

DM 单广告也是当前应用非常广泛的一种广告形式。它是通过邮寄、赠送等形式，将宣传品送到消费者手中、家里或公司所在地，是区别于传统的广告刊载媒体等的新型广告发布载体。DM 广告直接将广告信息传递给真正的受众，具有强烈的选择性和针对性。下面来制作一个房产宣传的 DM 单广告，效果如图 13-2 所示。

原始文件：	素材文件\第 13 章\13-2-1\
结果文件：	结果文件\第 13 章\13-01.psd
同步视频文件：	同步教学文件\第 13 章\13.2.1 房产广告 DM 单设计.mp4

本实例的具体操作步骤如下。

Step 01 打开"文件"菜单，执行"新建"命令，在弹出的"新建"对话框中设置相应的选项，单击"确定"按钮，如图 13-3 所示。

图 13-2　房产广告 DM 单

Step 02 单击 "图层" 面板中的 "创建新图层" 按钮得到 "图层 1"，将前景色设置为（R223、G237、B196），按【Alt＋Delete】快捷键，快速填充前景色，填充后效果如图 13-4 所示。

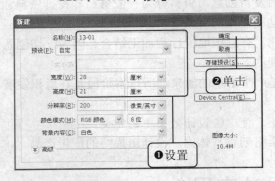

图 13-3　新建文件　　　　　　　　　　图 13-4　新建图层并填充颜色效果

Step 03 置入素材 "绿叶 1.psd"，如图 13-5 所示。

Step 04 按【Ctrl+T】快捷键对 "绿叶 1" 进行自由变换，将位置和大小进行调整，如图 13-6 所示。

图 13-5　置入 "绿叶" 素材　　　　　　图 13-6　调整 "绿叶" 位置及大小

Step 05 置入素材文件 "别墅.psd"，效果如图 13-7 所示。

Step 06 按【Ctrl+T】快捷键对 "别墅" 执行自由变换，调整素材位置和大小，调整后的效果如图 13-8 所示。

图 13-7　置入"别墅"素材

图 13-8　调整"别墅"位置及大小

Step 07 置入素材文件"绿叶 2.psd"，如图 13-9 所示。

Step 08 将"绿叶 2"的位置移动到画面右上角处，如图 13-10 所示。

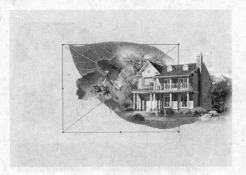

图 13-9　置入"绿叶 2"素材

图 13-10　调整"绿叶 2"位置

Step 09 置入素材文件"楼盘标志.psd"，将标志的位置移动到画面左上角，效果如图 13-11 所示。

Step 10 选择"直排文字工具"，设置字体为"行楷"、字体大小为"28"、文字颜色为"黑色"。在"楼盘标志"下面输入文字，内容为"看尽都市繁华，情归阳光小区，品味人生精华"，如图 13-12 所示。

图 13-11　置入"楼盘标志"素材

图 13-12　输入左侧竖排文字

Step 11 单击"图层"面板中的"创建新图层"按钮，创建一个新图层。选择工具箱中的"矩形选框工具"，在新建图层的底部创建一个矩形选区，如图 13-13 所示。

Step 12 将将前景色设置为（R130、G146、B97），按【Alt＋Delete】快捷键，填充选区，按【Ctrl+D】快捷键取消选择，效果如图 13-14 所示。

图 13-13　创建矩形选区

图 13-14　填充颜色

Step 13 置入素材文件"楼盘图.jpg"，如图 13-15 所示。

Step 14 按【Ctrl+T】快捷键执行自由变换，将"楼盘图"的位置移动到左下角处，如图 13-16 所示。

图 13-15　置入"楼盘图"素材

图 13-16　调整"楼盘图"大小及位置

Step 15 按住【Ctrl】键，单击"图层"控制面板中的"创建新图层"按钮　，在"楼盘图"所在层的下面创建一个新图层，选择"多边形套索工具"在楼盘图左边创建一个选区，并进行羽化，羽化值为"20"。将前景色设置为"黑色"，按【Alt+Delete】组合键进行填充。再将该层的"不透明度"设置为"15%"。制作出投影效果，效果如图 13-17 所示。

Step 16 选择"横排文字工具"，设置字体为"黑体"、字体大小为"36"、文字颜色为"黑色"。输入文字，内容为"居住阳光别墅 生活如诗如画"，如图 13-18 所示。

图 13-17　编辑效果

图 13-18　输入右侧横排文字

Step 17 打开"样式"面板，单击"红色，白色，蓝色对比"样式，如图 13-19 所示。

Step 18 此时，输入的文字添加了"红色，白色，蓝色对比"样式，效果如图 13-20 所示。

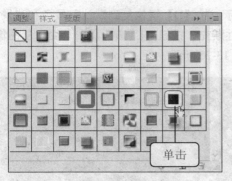

图 13-19 选择样式　　　　　　　　　　　图 13-20 为文字设置新式效果

Step 19 选择"横排文字工具"，在工具选项栏设置字体为"黑体"、字体大小为"17"、文字颜色为"黑色"。输入文字，内容为"电话：86573292、传真：86573293"，如图 13-21 所示。

Step 20 选择"横排文字工具"，设置字体为"黑体"、字体大小为"25"、文字颜色为"黑色"。输入文字，内容为"中国双星建筑"，别墅 DM 单完成的效果如图 13-22 所示。

图 13-21 输入联系方式文字　　　　　　　　　图 13-22 最终效果

13.2.2 蜂蜜包装设计

本例使用包装正面和瓶装蜂蜜素材进行拼合，使用图层蒙版融合多个素材，以及图层投影等图层样式，为包装正面创建立体包装外观，最后还需添加产品倒影，使立体包装看起来更加逼真，效果对比如图 13-23 所示。

原始文件：	素材文件\第 13 章\13-01.jpg、13-02.jpg
结果文件：	结果文件\第 13 章\13-02.psd
同步视频文件：	同步教学文件\第 13 章\13.2.2 蜂蜜包装设计.mp4

本实例的具体操作步骤如下。

图 13-23 蜂蜜包装设计作品

Step 01 执行"文件→新建"命令，打开"新建"对话框，在"名称"文本框中输入"13-02"，"宽度"文本框中输入 19，在后面的单位下拉列表中选择"厘米"；"高度"文本框中输入 15，在后面的单位下拉列表中选择"厘米"，分辨率为 200 像素/英寸，完成设置后，单击"确定"按钮，如图 13-24 所示。按【D】键恢复到默认前景色和背景色，选择"渐变工具"，在选项栏中单击"线性渐变"按钮▉，选择黑白渐变，从图像中间向右下方拖动鼠标创建渐变填充，如图 13-25 所示。

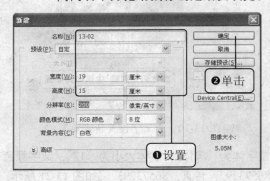

图 13-24　新建文件　　　　　　　　　　　　　　图 13-25　填充颜色

Step 02 打开素材文件"13-01.jpg"，按【Ctrl+A】快捷键全选图像，按【Ctrl+C】快捷键复制图像，切换到"13-02.psd"图像窗口文件中，按【Ctrl+V】快捷键粘贴图像，得到"包装正面"图层如图 13-26 所示。使用"魔棒工具"，按住【Shift】键单击并加选包装正面预留的产品展示窗口（白色区域），如图 13-27 所示。

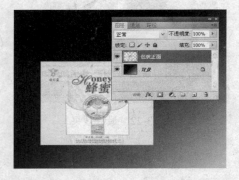

图 13-26　复制得到"包装正面"图层　　　　　　　图 13-27　创建选区

Step 03 按【Delete】键删除图像，如图 13-28 所示。按【Ctrl+D】快捷键取消选择，打开素材文件"13-02.jpg"，使用"魔棒工具"，在白色背景区域单击创建选区，按【Ctrl+Shift+I】快捷键反向选区，按【Ctrl+C】快捷键复制图像，如图 13-29 所示。

图 13-28　删除选区图像　　　　　　　　　　　　图 13-29　选择素材并复制图像

Step 04 切换到"13-02.psd"图像文件窗口中，按【Ctrl+V】快捷键粘贴图像，将生成的图层更名为"窗口产品"，使用"移动工具"将对象移动到图像中适当的位置，如图 13-30 所示。为"窗口产品"图层添加图层蒙版，使用 400px 的黑色软边画笔涂抹蒙版，隐藏右边的图像，如图 13-31 所示。

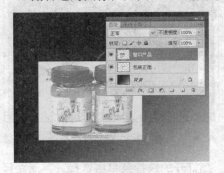

图 13-30　复制得到"窗口产品"图层　　　　　图 13-31　添加蒙版

Step 05 拖动"窗口产品"图层到"包装正面"图层下方，选中图层蒙版，使用 200px 的黑色软边画笔在图像两侧涂抹，修改图层蒙版，创建产品位于包装内的图像效果，如图 13-32 所示。复制"包装正面"图层，更名为"右窗"，再更改"包装正面"图层名称为"左窗"，如图 13-33 所示。

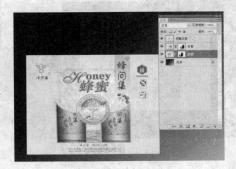

图 13-32　编辑蒙版　　　　　　　　　　图 13-33　复制并调整图层

Step 06 按【Ctrl+R】快捷键显示标尺，从标尺原点向右下方（图像左上角）拖动鼠标左键，改变标尺原点，如图 13-34 所示。改变标尺原点后，图像左上角处变为标尺原点，如图 13-35 所示。

图 13-34　改变标尺原点　　　　　　　　　图 13-35　原点被改变后的效果

Step 07 按住【Alt】键从垂直标尺上拖出两条辅助线：一条位置在 2mm 处，另一条在 8mm 处，如图 13-36 所示。使用"钢笔工具"在图像中创建路径，如图 13-37 所示。

图 13-36　创建辅助线　　　　　　　　　　　图 13-37　绘制路径

Step 08 在"路径"面板中，单击右上角的 ≡ 按钮，在打开的快捷菜单中选择"存储路径"命令，存储工作路径为"路径 1"，如图 13-38 所示。选择"圆角矩形工具"，在选项栏中设置"半径"为 1000px，在图像中拖动鼠标左键绘制路径，如图 13-39 所示。

图 13-38　存储路径　　　　　　　　　　　图 13-39　绘制提手路径

Step 09 使用"节点转换工具" ⌐ 单击下方的 4 个节点，转换节点的属性，如图 13-40 所示。使用"直接选择工具"移动下方的两个节点到适当的位置，如图 13-41 所示。

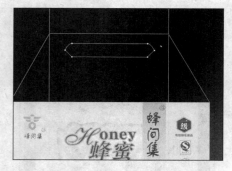
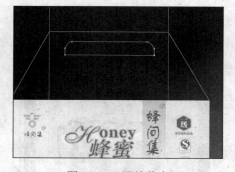

图 13-40　调整路径属性　　　　　　　　　　图 13-41　调整节点

Step 10 新建图层，命名为"提手"，设置前景色为浅黄色（#fde999），按【Ctrl+Enter】快捷键载入路径选区，按住【Shift+Alt】键在图像中拖动鼠标左键创建相交选区，如图 13-42 所示。

图 13-42　创建并编辑选区

Step 11　按【Alt+Delete】快捷键填充前景色，如图 13-43 所示。在"路径"面板中，再次单击
　　　　"路径 1"，选中路径，按【Ctrl+Enter】快捷键载入选区，按住【Alt】键在图像中拖
　　　　动鼠标左键进行减去操作，如图 13-44 所示。

图 13-43　填充颜色　　　　　　　　　　　　图 13-44　载入选区并减去图像

Step 12　进行减去后，选区范围如图 13-45 所示。设置前景色为稍微深一点的浅黄色（#f7e391），
　　　　按【Alt+Delete】快捷键填充选区，按【Ctrl+D】快捷键取消选择，如图 13-46 所示。

图 13-45　减去选区　　　　　　　　　　　　图 13-46　填充颜色并取消选择

Step 13　使用"钢笔工具"在提手左侧绘制路径，如图 13-47 所示。新建图层，命名为"左竖
　　　　条"，设置前景色为深褐色（#926300），按【Ctrl+Enter】快捷键载入路径选区，按
　　　　【Alt+Delete】快捷键填充前景色，如图 13-48 所示。按【Ctrl+D】快捷键取消选择。

Step 14　选择工具箱中的"直线工具"，在选项栏中设置"粗细"为 10px，在图像中拖动鼠标
　　　　创建路径，如图 13-49 所示。使用"删除锚点工具"在下方左边的锚点上单击删除
　　　　该锚点，使路径形状上方宽下方窄，如图 13-50 所示，存储此直线路径为"路径 3"。

图 13-47　绘制提手左侧路径

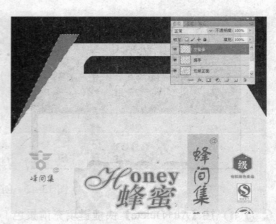

图 13-48　填充颜色并转换选区

图 13-49　创建路径

图 13-50　编辑路径 3

Step 15 设置前景色为橙色（#fad06c），按【Ctrl+Enter】快捷键载入路径选区，按【Alt+Delete】快捷键填充选区，如图 13-51 所示。使用"钢笔工具"在包装盒右侧绘制路径，存储为"路径 4"，如图 13-52 所示。

图 13-51　载入选区并填充手提左侧颜色

图 13-52　绘制路径 4

Step 16 新建图层，命名为"右竖条"，设置前景色为深褐色（#926300），按【Ctrl+Enter】快捷键载入路径选区，按【Alt+Delete】快捷键填充选区，如图 13-53 所示。设置前景色为橙色（#fad06c），选择工具箱中的"直线工具"，在选项栏中设置"粗细"为 10px，在右竖条左侧拖动鼠标创建路径，如图 13-54 所示。

Step 17 选择工具箱中的"路径工具"，在选项栏中设置半径为 30px，在图像中拖动鼠标绘制路径，如图 13-55 所示。使用"转换点工具"在左下方的两个节点上单击，转换节点属性，如图 13-56 所示。

图 13-53　载入选区并填充右侧竖条的颜色　　　　　图 13-54　绘制右竖条

图 13-55　绘制椭圆路径　　　　　　　　　　图 13-56　编辑椭圆路径

Step 18 使用"直接选择工具"拖动左下方的节点到适当的位置,如图 13-57 所示。存储工作路径为"路径 5",新建图层,命名为"左耳",按【Ctrl+Enter】快捷键载入路径选区,填充颜色值(#ffdb79),如图 13-58 所示。

图 13-57　调整节点　　　　　　　　　图 13-58　载入选区并填充颜色

Step 19 双击"左耳"图层,打开"图层样式"对话框,设置"高光模式"颜色值为"白色"、"阴影模式"颜色值为(#c28f21),其他参数设置如图 13-59 所示。移动"左耳"图层到"提手"图层下方,图像效果如图 13-60 所示。

Step 20 复制"左耳"图层,更名为"右耳",移动"右耳"图层到面板最上方,水平移到包装右边缘,如图 13-61 所示。水平翻转"右耳"对象,如图 13-62 所示。

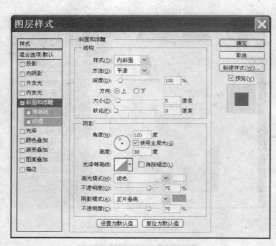

图 13-59　设置图层样式

图 13-60　调整图层顺序

图 13-61　复制图层

图 13-62　水平翻转

Step 21 使用"多边形套索工具"在图像中单击创建闭合选区，如图 13-63 所示。

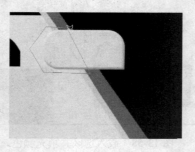

图 13-63　创建切除选区

Step 22 按【Delete】键删除图像，图像效果如图 13-64 所示。隐藏"背景"图层，选中最上面的"右耳"图层，按【Alt+Shift+Ctrl+E】快捷键盖印除"背景"图层以外的所有图层，命名为"投影"，显示"背景"图层，按【Ctrl+T】快捷键执行自由变换命令，移动变换中心点到图像下方中心位置，如图 13-65 所示。

Step 23 在变换框内部单击鼠标右键，在弹出的快捷菜单中选择"垂直翻转"命令，如图 13-66 所示。图像效果如图 13-67 所示。

图 13-64　删除选区图像

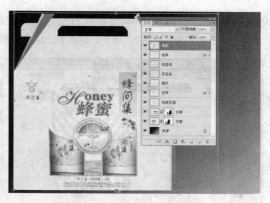

图 13-65　盖印图层并变换对象

图 13-66　选择"垂直翻转"命令

图 13-67　垂直翻转效果

Step 24 按【Enter】键确认变换，为"投影"图层添加图层蒙版，使用黑白渐变工具，从"投影"图层上方往下方拖动鼠标创建黑白渐变蒙版，如图 13-68 所示。打开素材文件"13-02.jpg"，复制"右窗"图层，更名为"产品效果图"，拖动蒙版缩览图到下方的"删除图层"按钮 上，在弹出的询问对话框中单击"删除"按钮，如图 13-69 所示。

图 13-68　添加图层蒙版

图 13-69　删除图层

Step 25 删除图层蒙版后，移动图形对象到适当位置，如图 13-70 所示。复制"产品效果图"图层，更名为"投影 2"，按【Ctrl+T】快捷键执行自由变换命令，移动变换中心点到图像下方中心位置，如图 13-71 所示。

Step 26 在变换框内部单击鼠标右键，在弹出的快捷菜单中选择"垂直翻转"命令，垂直翻转图像，如图 13-72 所示。按【Enter】键确认变换，移动到适当的位置，如图 13-73 所示。

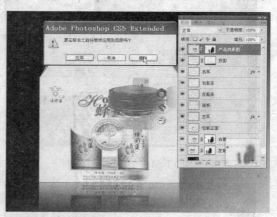

图 13-70　调整对象位置　　　　　　　　　图 13-71　变换大小

Step 27 用"矩形选框工具"选中左边的瓶子投影，使用"移动工具"向下拖动对象到适当的位置，如图 13-74 所示。

图 13-72　翻转对象　　　　　　　　　　图 13-73　调整位置

图 13-74　选择并调整阴影位置

Step 28 更改"投影2"图层的"不透明度"选项为 50%，如图 13-75 所示。添加"亮度/对比度"调整图层，统一图像的整体明暗，设置"亮度"为-26、"对比度"为 61，如图 13-76 所示。

图 13-75 设置不透明度

图 13-76 调整亮度与对比度

13.3 本章小结

在本章所介绍的广告设计实例操作中，所应用的知识点非常丰富，需要初学者进行综合应用。在实例的制作过程中，要认识平面媒体广告主要是通过文字、图形图片这些元素来构成的。另外，在设计过程中，注意突出宣传的对象及广告语。

第14章

课程设计

通过对前面相关章节内容的学习，相信读者已经掌握了 Photoshop CS5 软件的操作与应用。要熟练使用 Photoshop CS5，其上机实训与实例制作是必不可少的。为了强化初学者对 Photoshop 的操作与应用，本章安排一些上机实例，并给出操作分析与制作步骤的提示，让读者亲自动手体验上机实战。

本章知识点

◎ 火焰字特效

◎ 绘制太极图

◎ 制作奥运彩旗

◎ 制作 POP 海报广告

◎ 制作伞式宣传广告

课程一 火焰字特效

在 Photoshop CS5 中，制作如图 14-1 所示的"火焰字"效果。

原始文件：	无
结果文件：	结果文件\第 14 章\火焰字.psd
同步视频文件：	同步教学文件\第 14 章\课程一——制作火焰字.mp4

图 14-1 火焰字

操作提示

在制作"火焰字"的实例操作中，主要使用了文件颜色模式、文字工具、画布旋转、吹风及波纹滤镜、通道等知识内容。主要操作步骤如下。

Step 01 新建一个灰度模式的文件，背景为黑色，并输入白色文字。

Step 02 对文字进行栅格化，并将文字选区存储起来，以备后面使用。

Step 03 合并图层并旋转画布 90°，然后对文字进行吹风。完毕后还原画布方向。

Step 04 载入文字选区并进行反相选择，对火焰使用波纹滤镜进行扭曲。然后适当对图像效果进行模糊。

Step 05 转换颜色模式为"索引颜色"，并从颜色表中选择"黑体"颜色表即可。

课程二 绘制太极图

在 Photoshop CS5 中，制作如图 14-2 所示的"太极图"效果。

原始文件：	无
结果文件：	结果文件\第 14 章\太极图.psd
同步视频文件：	同步教学文件\第 14 章\课程二——绘制太极图.mp4

图 14-2 太极图

操作提示

在绘制"太极图"的实例操作中，主要使用了标尺及参考线的定位、选区的创建与编辑、描边等知识。主要操作步骤如下。

Step 01 新建一个灰度模式的文件，使用椭圆工具绘制一个正圆。

Step 02 通过标尺标出辅助线进行定位，然后使用矩形选区工具对圆选区减选一半。

Step 03 使用圆选区对半圆选区进行加选或减选，即可得到太极图的"阴阳面"，然后进行颜色的填充。

Step 04 在太极图的圆边使用"描边命令，进行适当的描边，勾绘出边框线。

课程三 制作奥运彩旗

在 Photoshop CS5 中，利用渐变填充工具、图层编辑功能及画笔和文字工具，制作出如图 14-3 所示的奥运彩旗效果。

原始文件：	无
结果文件：	结果文件\第 14 章\奥运彩旗.psd
同步视频文件：	同步教学文件\第 14 章\课程三——制作奥运彩旗 mp4

图 14-3 奥运彩旗

操作提示

在制作"奥运彩旗"效果的实例操作中，主要涉及了渐变填色工具、图层的创建/编辑/锁定与管理、画笔及文字工具的使用等知识，主要操作步骤如下。

Step 01 新建一个文件，给"背景"层从左到右填充上黄到红的线性渐变颜色。

Step 02 制作奥运五环中的一个圆环，并复制 4 个相同大小的圆环。

Step 03 调整各圆环之前的位置关系，然后通过锁定透明像素功能，更改相关圆环的颜色。

Step 04 利用选择相应的图层选区，利用"交叉叠加"功能删除相关图层圆环的一部分，制作出圆环相套的特殊效果（注：这步相对来说有一定难度）。

Step 05 使用"画笔工具"在彩旗的左上角绘制五角星图案。

Step 06 使用"文字工具"，在彩旗的适当位置输入相关的内容即可。

课程四　制作 POP 海报广告

在 Photoshop CS5 中，制作如图 14-4 所示的 "POP 海报广告"效果。

原始文件：	素材文件\第 14 章\POP 海报素材\底纹 1.jpg、底纹 2.jpg、人物.jpg
结果文件：	结果文件\第 14 章\POP 海报广告.psd
同步视频文件：	同步教学文件\第 14 章\课程四——制作 POP 海报广告.mp4

图 14-4　POP 海报广告

操作提示

在制作"POP 海报广告"的实例操作中，主要涉及了图像的合成、图像对象的变换与调整、文字工具、矢量图形的绘制、渐变颜色的编辑与使用、图层样式等知识，主要操作步骤如下。

Step 01 新建一个广告文件，文件尺寸大小可以根据自己设计需要而自定，分辨率为 300。

Step 02 使用"渐变工具"填充一种线性渐变颜色作为背景，然后分别将素材图像复制到该窗口中，根据需要调整素材对象的大小及位置。

Step 03 绘制相关文字的背景图案（主要用到自定义形状中的相关图形，以及路径工具勾绘），并给相关图层对象添加图层样式。

Step 04 输入相关文字内容，并根据实际需要，设置文字样式及特殊效果。

课程五　制作伞式宣传广告

在 Photoshop CS5 中，绘制如图 14-5 所示的"伞式宣传广告"效果。

原始文件：	素材文件\第 14 章\伞广告\红玫瑰.jpg、吉他.jpg
结果文件：	结果文件\第 14 章\伞式宣传广告.psd
同步视频文件：	同步教学文件\第 14 章\课程五——制作伞式宣传广告.mp4

（a）红玫瑰

（b）吉他

（c）最终效果

图 14-5　制作伞式宣传广告

操作提示

在制作"伞式宣传广告"的实例操作中，主要涉及了选区的创建与编辑、矢量图像的绘制、图像的选择与合成、图层的编辑与管理、文字工具的使用，以及图像的自由变换等知识，主要操作步骤如下。

Step 01 新建一个 20 厘米×20 厘米，设置分辨率为 300、颜色模式为 RGB 的文件。

Step 02 新建一个图层，利用 Photoshop 矢量图形中的"多边形工具"绘制一个边数为 10 的多边形，并通过"多边形选框工具"选择图形的 1/10，填充黄颜色。

Step 03 复制素材图像中的"红玫瑰"图案，并设置图层混合模式为"亮光"，然后合并图层对图层进行复制。

Step 04 选择复制的图层，按【Ctrl+T】快捷键进行自由变换，将中心点调到十边形图形的中心，并在选项栏中设置旋转角度为 72，对图层对象进行旋转。

Step 05 通过同样的方法，制作伞式广告中的其他扇叶形效果。制作伞式广告的掉边方法也与前面相同。